手编暖暖的
冬日小物

My Precious Hand Knitting

〔日〕杉山朋 著 李云 译

河南科学技术出版社
·郑州·

目 录

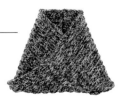

花形露指翻盖手套

可以自由露出手指的翻盖手套，平时生活中用起来会很方便。
在起针位置编织的装饰穗也是亮点之一。

a

b

c

Point Lesson p.18　制作方法 p.42
使用线 和麻纳卡 FAIRLADY50（a）/和麻纳卡　FAIRLADY50、和麻纳卡　MOHAIR（b）/和麻纳卡 阿美利（c）

私人定制款绒球帽

用拉针编织出的凸点花样，使这顶帽子既可爱又保暖。
可以用不同的颜色编织，也可以加上护耳，乐享属于你的定制款帽子吧。

Point Lesson **p.20**　制作方法 **p.44**
使用线　和麻纳卡　MEN'S CLUB MASTER

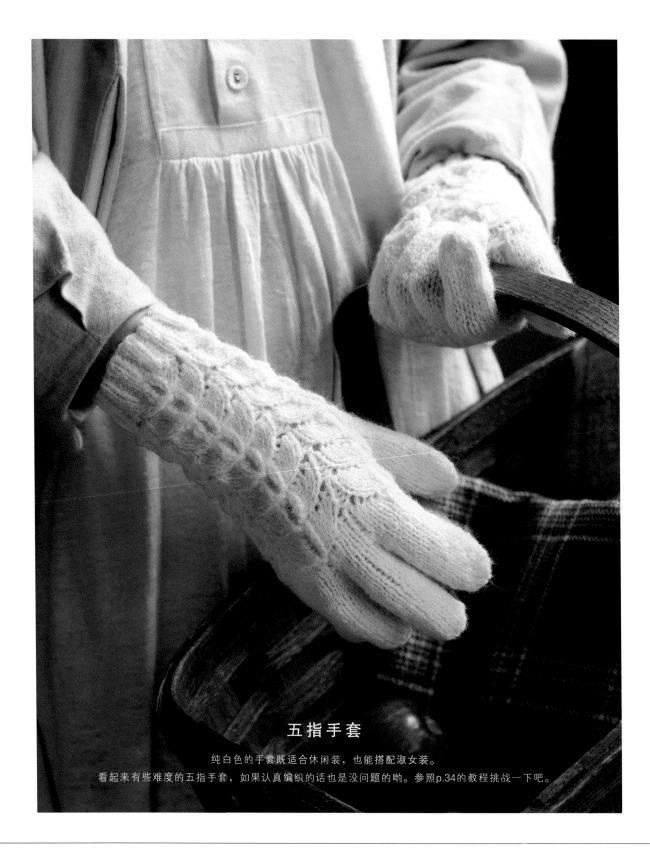

五指手套

纯白色的手套既适合休闲装，也能搭配淑女装。

看起来有些难度的五指手套，如果认真编织的话也是没问题的哟。参照p.34的教程挑战一下吧。

Lesson、制作方法 p.34

使用线　和麻纳卡　SONOMONO ALPACA LILY

白色菱形花样袜子

脚背上的菱形花样是亮点。
为了增加脚尖和脚后跟的厚度，特别使用了同色交叉花样编织。

制作方法 p.46

使用线　和麻纳卡　SONOMONO TWEED

拉脱维亚风连指手套

这件作品的设计灵感来源于波罗的海三国——拉脱维亚的传统花纹。

黑色款的手腕口编织的是罗纹针，看上去具有满满的运动感。红色款编织的荷叶边，使手套可爱感爆棚。

制作方法 p.48（黑色）p.50（红色）

使用线 和麻纳卡 纯毛中细（黑色）/和麻纳卡 SONOMONO（粗）、和麻纳卡 MOHAIR（红色）

交叉花样帽子

圆圆的可爱帽子，是由两种花样交织而成的条纹状。
在帽子顶端出现的小尾巴也很可爱哟。

Point Lesson p.21　制作方法 p.52

使用线　和麻纳卡　SONOMONO ALPACA WOOL（中粗）

露指护腕手套

彩色的配色花样乍看似乎很难，但是一行只有两种颜色的配色设计又使编织起来出乎意料的简单。
从袖口中露出来一部分的话，时尚感也很强。

制作方法 p.54

使用线 和麻纳卡 纯毛中细、和麻纳卡 MOHAIR

黄色围脖

简单的围脖因为选用明亮的颜色而也能成为搭配的亮点。
设计成了双面都可以佩戴的款式，所以请乐享不同的搭配吧。

制作方法 **p.53**
使用线 和麻纳卡 FAIRLADY50

莫比乌斯披肩

把平直毛线和马海毛线混到一起编织出的一款蓬松又温暖的披肩。
莫比乌斯披肩的扭转正好避免了披肩爱滑落的缺点。

制作方法 p.56

使用线　和麻纳卡　MEN'S CLUB MASTER、ALPACA MOHAIR　Fine

尖顶帽

双罗纹编织的织片上加入下针编织的交叉花样，形成了四边形的麻花花样。

稍稍织长一点，就成尖顶啦。

制作方法 p.57

使用线 和麻纳卡 EXCEED WOOL L（中粗）

Point Lesson

现在介绍本书中涉及的编织方法和技法。
掌握了诀窍后，任何技法都不难，一起来挑战吧。

※ 为了让编织方法清晰易懂，有些作品换成了好区分的线。

装饰穗的起针

p.**4** 花形露指翻盖手套用到的编织方法。
p.**4** 用的是红色和藏青色的 2 根马海毛线编织，此处用 1 根毛线进行讲解。

01 在线尾处大约编织宽3倍+15cm左右长的位置，手指挂线起针的环中插入1根棒针。

02 用手指挂线起针法绕好线，然后挑拇指前面的线。

03 保持姿势不变，棒针挂在食指上的2根线从拇指上的2根线中间穿出。

04 将食指上的2根线拉出来后的效果。

05 将拇指先从线圈中退出，按图中箭头所示方向重新插入拇指。

06 拉紧这一针目。此时调整装饰穗的长度。

07 装饰穗的起针第1针完成。

08 用右手拇指和中指捏住完成的装饰穗，以同样的方法编织第2针。

09 在拉紧线的时候，用拇指挂住线与已经完成的装饰穗对比来调整长度。

10 编织好所需的针数后，平均分到3根棒针上，连成环形开始编织。

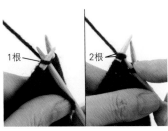

11 最初的针目是在1根线里插入棒针编织。第2针以后都是2根线是一个针目，所以要将棒针插入2根线里进行编织。

12 装饰穗的起针和第2行完成后的效果。

连指手套盖的挑针

p.**4** 花形露指翻盖手套用到的编织方法。

01 加翻盖之前。主体织完的效果。

02 在手背上的●的位置上挑针。

03 在步骤02的图上的●处依次插入棒针，用翻盖第1行的配色从里面将线拉出来。

04 手背的挑针织完的效果。

05 把线剪断。此时将手背的挑针分别挂到2根棒针上。

06 手掌另线锁针起针起23针，接新线时从锁针编织终点的里山中挑针。编织中途将针目分到另一根棒针上。

07 手掌的挑针完成的效果。

08 接另一根新颜色的线，继续环形编织配色花样。

连指手套盖口的起针方法

p.**4** 花形露指翻盖手套用到的编织方法。

01 边拆开连指手套盖手掌编织起点的另线锁针，边将针目移到棒针上。

02 第1行的编织起点如图所示做卷针加针。

03 下一针开始挑移到棒针上的针目。

04 第1行的编织终点如图所示做卷针加针。

05 卷针加针织完第1行的效果。

06 第2行的第1针是卷针，不返回直接如图所示插入棒针编织上针。

07 按照编织图编织盖口的单罗纹针，编织终点做下针织下针、上针织上针的伏针收针。

08 盖口的侧边还是开口的状态，用缝衣针按照箭头方向将两侧边缝合到一起。

01 左手上挂2根线。此时按照褐色线（主色线）在下，白色线（配色线）在上挂线。

02 用褐色线编织的时候，从下面编织。

03 用白色线编织的时候，从上面编织。

04 要注意反面的渡线不要出现松紧不一的情况。

05 在手背花样的反面5针以上的地方渡线时，编织到大概一半的位置（连接针是5针的话那就织到第3针位置）。

06 在反面渡线（此处是白色线）。

07 保持姿势编织第4针、第5针。

08 白色线已经于中途埋入织片中。这样一来在使用的时候就不会挂到线了。

反拉针（2行）   p.6 私人定制款绒球帽用到的编织方法。

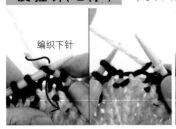

01 编织花样的第6~9行的织法图解。第6行用藏青色线交叉编织下针和上针，编织完成后第7行换白色线后先织下针。

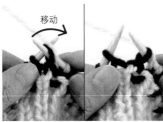

02 不织上针，直接将白色线挂到右棒针上。一直重复步骤01、02，直到本行编织结束。

03 第8行也是按照同样的要领编织，前一行是下针的地方就编织下针。

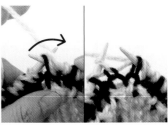

04 上针的地方不编织，带着针上的白色线直接移到右棒针上。在藏青色针目之间挂着2根白色线。

05 第9行换藏青色线在前一行下针的位置编织下针。

06 上针的地方，将右棒针插入左棒针上挂着的2根白色线和上针的3根线中。

07 保持姿势编织上针。

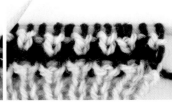

08 重复步骤05~07，编织相同的织法就能出现凸点花样了。

帽子的顶部

p.**12**和p.**23**的帽子用到的编织方法。在编织针数比较少的时候适合用这种方法编织。可用不带圆球的棒针编织。

01 在帽子的顶部用1根棒针穿过剩余的针目（此处为5针）。稍微拉紧左端的线形成环，从右端的针目开始编织下针。

02 编织好一行后，棒针上挂着的针目不动，只将棒针向左移，针目挪到了右边，换手拿棒针。

03 每一行的第1针，线都放到第1针的方向，稍稍拉紧线编织下针。

04 编好指定的行数后，在所有的针目上穿线系紧后，在反面系好线头。

制作绒毛

p.**22**童趣老鼠连指手套用到的制作方法。为了让制作方法清晰易懂，另线和接缝线换成了好区分的线。另线和接缝线可以用同色系，如果比主体的线细一些的话效果会更好。

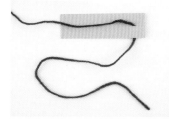   

01 制作8片7.5cm×2cm的硬纸板，如图剪个1cm左右的牙口。准备好另线，在距线头30cm处夹入硬纸板。

02 将线并成2股，将线头端和硬纸板的底端重合，如图拿着。

03 在硬纸板上绕3次。

04 绕3次后用夹子等在下边夹住。

05 把另线从牙口拉出来，如图打结，系得结实一点。

06 打完结后，再将另线的线头端夹到牙口里。

07 重复步骤03~06，打第2个结。

08 重复步骤03~06，缩至6.5cm宽为止。打结的另线藏入内侧。制作另外4片。

09 在指定的位置挑绒毛的另线和主体的针目缝合到一起。

10 4片绒毛都缝到指定位置后的效果。

11 将绒毛形成环的部分剪断。

12 修剪成圆圆的刺猬状。

童趣老鼠连指手套

有着可爱表情的童趣老鼠连指手套。还可以在简单的老鼠款手套上，
加入绒毛变身为可爱的小刺猬手套！

Point Lesson p.21　制作方法 p.58

使用线　和麻纳卡 SONOMONO ALPACA WOOL（中粗）、FAIRLADY50

儿童水珠帽子

水珠形状是用滑针织出来的，所以比配色编织要轻松很多。
帽子表面凸出的灰色线圈仿佛是冒出来的小泡泡，很有趣。

制作方法 p.59

使用线 和麻纳卡 SONOMONO ALPACA WOOL、SONOMONO LOOP

手掌

制作方法 p.**60**（雪人）p.**62**（滑雪）

使用线　和麻纳卡　SONOMONO ALPACA WOOL（中粗）、阿美利、FAIRLADY50（雪人）/和麻纳卡 FAIRLADY50（滑雪）

雪趣连指手套与五指手套

下雪的日子里，孩子们堆雪人，大人们去滑雪……

以这样的场景为灵感，设计了亲子共享的连指手套和五指手套。

士兵图案室内袜

一行一行地编织出士兵的图案是最有趣的部分了。
在反面会有较长的渡线，这部分参照p.20的双色编织。

Point Lesson p.20　制作方法 p.64

使用线　和麻纳卡　阿美利

树叶双层连指手套

圆形连指手套的外层和内层重叠，再缝上树叶叶片。

有了双层手套，雪天也不担心啦。

制作方法 p.66

使用线 和麻纳卡·SONOMONO（粗）

雪绒花护腕和护腿

藏青色加米色的色彩搭配加上边缘的组合，搭配中性风也是不错的。
护腕和护腿成套编织也是亮点之一。

制作方法 p.68·69

使用线 和麻纳卡 FAIRLADY50

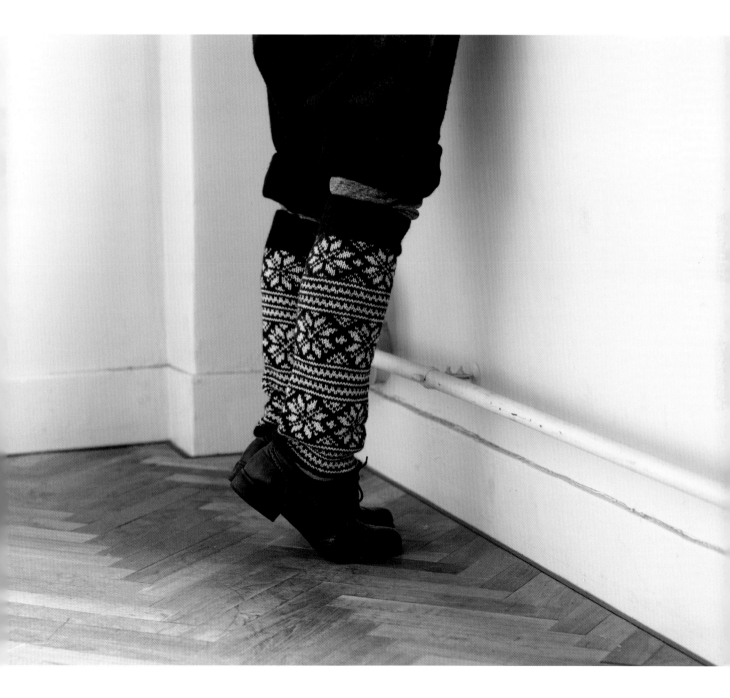

阿兰花样披肩

前身片织入了阿兰花样的披肩，再加上领子和肩襻，立刻中性风十足。
有一定高度的领子也会保护我们的颈部不受风寒之扰。

制作方法 p.70

使用线　和麻纳卡　MEN'S CLUB MASTER

配色花样帽子

虽然编织细线很需要耐心，但是能编织出纤细的花纹，这一点具有很大的魅力。
用两种颜色的线做成绒球也很可爱。

制作方法 p.74

使用线 和麻纳卡 纯毛中细

圆育克开衫

如果你想编织一件衣服，那么我推荐这一款开衫。
熟练编织小物件后，请一定要挑战大件衣物。

制作方法 p.72

使用线　和麻纳卡　MEN'S CLUB MASTER

Lesson

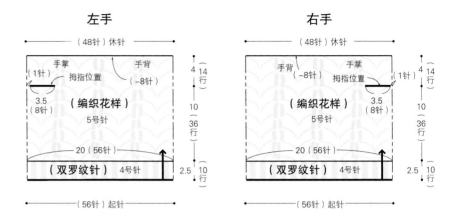

以p.8的五指手套为教程。虽然看起来比较难织，但是从食指到小指的4根手指部分分别挑针一根一根挑，钩织完成就可以啦。拇指在中途用另线织入，最后挑针编织完成。

五指手套

材料和工具

和麻纳卡 SONOMONO ALPACA LILY
白色（111）65g
棒针（短5根针）5号、4号

成品尺寸

掌围20cm、长24.5cm

密度

10cm×10cm的面积内：编织花样 28针、36行
下针编织 24针、33行

编织要点

●手指挂线起针，编织56针，连成环后编织10行双罗纹针。

●换为棒针，接着按编织花样编织手掌和手背。在拇指位置加入另线编织，要注意另线周围的上、下2行有变化，一定要参照图示编织。按编织图编织50行（右手和左手的拇指位置对称编织）。

●从小指开始编织。如图所示编织卷针加针和挑针，做下针编织。指尖部分如图所示减针，用线把剩余的针目穿2次后拉紧。

●拇指部分上、下的针目分开，用2根针挑针编织，抽出另线。接线从两端的渡线处开始一针一针地挑，织18针，连成环后做下针编织。指尖如图所示减针，用线把剩余的针目都穿2次后拉紧。

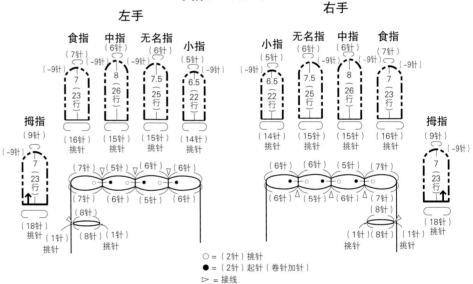

左手　右手

○ =（2针）挑针
● =（2针）起针（卷针加针）
▷ = 接线

手指（下针编织）5号针

左手　右手

小指　无名指　中指

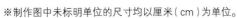

□ = □

※制作图中未标明单位的尺寸均以厘米（cm）为单位。

食指

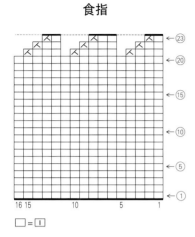

拇指

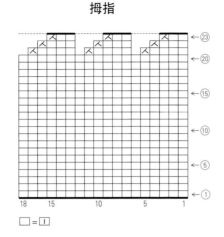

□ = ☐

□ = 上针
○ = 挂针
⅄ = 右上2针并1针
⅄ = 左上2针并1针
⅄ = 右上3针并1针
ʊ = 卷针加针

手套

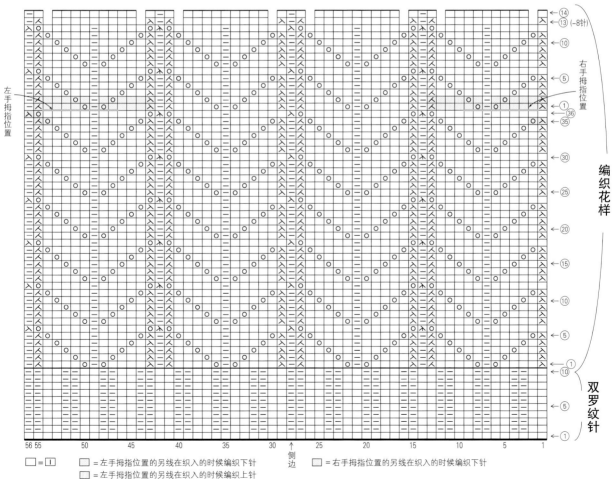

编织花样

双罗纹针

□ = ☐　　□ = 左手拇指位置的另线在织入的时候编织下针　　□ = 右手拇指位置的另线在织入的时候编织下针
□ = 左手拇指位置的另线在织入的时候编织上针

35

Lesson
一起来编织五指手套吧

※ 为了让编织方法清晰易懂，替换成了好区分的线。
※ 以右手的编织为例解说。请参照编织图对称编织左手。

编织双罗纹针

01 手指挂线起针，织56针形成环，重复编织2针下针、2针上针，再编织10行双罗纹针。

02 在编织终点处加入记号环，这样很明显就可以知道哪里是换行的位置。

做编织花样

☒ 右上2针并1针

移动

03 编织花样的最初的针目是编织右上2针并1针。首先，第1针不编织，直接移到右棒针上。

04 接下来的1针编织下针。

覆盖

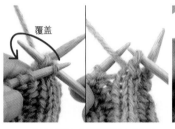

05 左棒针插入步骤03没织直接移走的针目中，覆盖步骤04编织出来的针目。右上2针并1针完成。

下针（4针）

06 接着编织4针下针。

○ 挂针

挂线

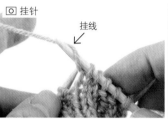

07 线从前向后挂到棒针上。

挂针

08 保持挂线不动，下一针编织上针。

上针　挂针

09 织完挂针和上针的效果。

挂针　上针　挂针

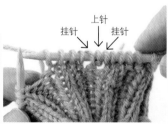

10 接下来编织1针挂针，再编织4针下针。

☒ 左上2针并1针

11 编织左上2针并1针。如图将棒针从左边插入2个针目中，编织下针，左上2针并1针完成。

12 第1行织完第14针的效果。接下来按照编织图编织。

13 织完第6行第12针后，编织挂针。

☒ 右上3针并1针

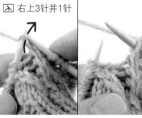

14 接下来编织右上3针并1针。首先，第1针不编织，直接移到右棒针上。

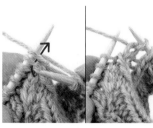

15 将棒针从左边插入2个针目中，2针一起编织下针。

覆盖

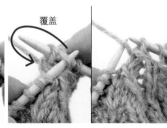

16 将左棒针插入步骤14没织直接移走的针目中，覆盖步骤15编织出来的针目。右上3针并1针完成。

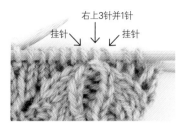

右上3针并1针
挂针 ↓ 挂针

17 接着按编织图编织。

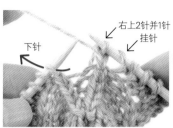

右上2针并1针
下针 挂针

18 手掌和手背用步骤17的"挂针，右上3针并1针，挂针"的部分织"挂针、右上2针并1针、下针"。

19 第6行编织完的效果。

20 编织右手时，要注意第35行的第1、2针要织下针，按照编织图织完36行。

在拇指位置织入另线

21 从下一行（另线上的第1行）一直织到拇指位置前面再休针，在指定的拇指位置用另线编织。

22 用另线编织8针后的效果。

23 用另线编织的针目，往左棒针移动时注意不要扭针。

24 用休针的线编织另线的针目。

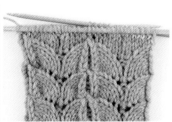

25 织完用另线编织的针目后的效果。这一部分的第1行和第2行全部都织下针。

26 接着按照编织图编织第1行的花样。

27 按照编织图编织，织完小指~食指前面的第14行后的效果。编织食指前休线。

编织小拇指、食指

28 参照p.34的右手图，用另线挑取食指14针、中指11针、无名指11针后放在一边。小指的12针平均分在3根棒针上，每个上面挂4针。

29 从小指的手掌开始接线编织。手指全部编织下针。

30 编织棒针上挂着的12针。

ᵂ 卷针加针

31 接着如图所示在棒针上挂线，织卷针加针。

32 卷针加针1针完成。

33 再织1针卷针加针，成为对称的2针卷针加针，第1行织完。

34 第2行以后，包括卷针加针共织14针19行形成环形。

35 第20行织好3针后，将棒针从左侧插入2个针目中编织左上2针并1针。

36 左上2针并1针完成后的效果。接着按照编织图在指定的位置编织左上2针并1针直到小指的最后一行织完。

37 最后一行织完，留20cm长的线，剪断，再穿入缝衣针。2次穿入棒针上剩下的5个针中。

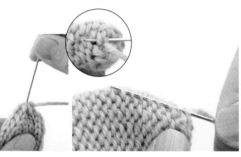

38 抽紧穿入的线。将线从指尖的中心穿到反面。

39 把反面系紧的线缝进织片中，处理线头。

40 接着编织无名指。小指和无名指之间如图所示。

41 将无名指休针的针目穿到3根棒针上。

42 在小指上织完卷针加针部分的渡线（步骤40的☆、★上挂上记号环。

43 从无名指的手掌接线编织4针。

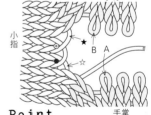

Point

编织对称针时，中间有空隙，所以将渡线（☆、★）扭转，在A、B的针目上编织2针并1针。

（●、◎是对称针的卷针加针）

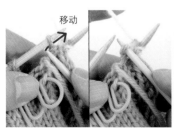

44 最初在第5针（A）和渡线（☆）上织右上2针并1针。第5针不织直接移到右棒针上。

45 接下来将第1个记号环上提，在线圈中插入棒针。

46 如图将棒针插入编织下针。

47 下针编织完的效果。渡线（☆）是扭针效果。

48 将左棒针插入步骤44中没织直接移到右棒针上的针目中，盖住步骤47织出来的针目。

49 在第5针（A）和渡线（☆）上编织右上2针并1针。

50 接着将棒针插入第1针的卷针加针（point的●记号）中。

51 编织下针。

52 挑第2针卷针加针（point的◎记号），编织下针。

53 接着在渡线（★）和第8针（B）上编织左上2针并1针。再将一个记号环向上提扭一下，按照箭头方向插入棒针。

54 针上挂着的渡线（★）仍然呈扭着的状态。

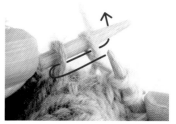

55 将棒针按照箭头所示插入左边的2针中，将这2针一起编织下针。

56 在渡线（★）和第8针（B）上织左上2针并1针。

57 接着织第1行的最后一针，与步骤33同样织对称的2针卷针加针。

58 剩下的与小指相同，指尖在指定位置编织左上2针并1针，最后用余下的线拉紧。无名指编织完的效果。

59 中指也是同样接线，边挑对称的针目边编织。食指用主体休针的线开始编织，对称挑针编织。

编织拇指

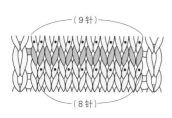

（9针）

（8针）

60 挑拇指位置织入的另线两侧，即图中●处，穿过针。

61 棒针穿过针目后，小心地拆除另线。

62 拆除另线后的效果。下面棒针上是8针，上面棒针上是9针。

63 接线，从下侧的第1针开始编织。

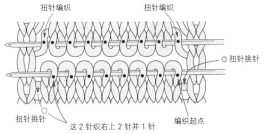

扭针编织　　扭针编织

扭针挑针

扭针挑针　这2针织右上2针并1针　编织起点

Point

步骤64~71按照图示进行编织。不要在两侧边留空，挑起侧边针目的线编织。

移动

64 首先编织7针后，第8针不织，直接移到右棒针上。

65 挑侧边的渡线○。

66 按照箭头所示在挑起的渡线里插入右棒针。

67 渡线呈扭着的状态编织下针。

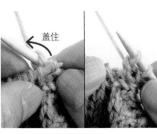

盖住

68 将左棒针插入步骤64没织直接移走的针目中，盖住步骤67织出来的针目（右上2针并1针）。

69 将棒针按照箭头方向插入下一针，呈扭着的状态织1针下针。

70 接着织7针下针后，按照箭头方向插入棒针将最后一针编织扭针。

71 最后挑侧边的渡线◎，按照箭头方向插入棒针，编织扭针。

72 全部挑18针，拇指的第1行编织完成的效果。

73 其他的手指也同样按照编织图在指定的位置编织左上2针并1针，拇指编织完成的效果。

处理线头

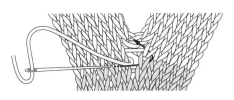

74 为了不让各个指缝间编织起点有空隙，用缝线按图中所示穿过去，最后从内侧拉出。

75 在不影响正面效果的前提下，在里侧稍挑几针后处理线头。

76 编织起点的线头穿过编织的第1针里。

77 与步骤75一样在内侧处理线头。

制作方法

本书汇集了一些简单可爱又常用的作品。

配色，仅用了横向渡线的编织方法。多色作品，只是1行最多织入2种颜色，
所以就算对配色花样编织尚不熟练的新手，认真编织的话也是完全没问题的。
其他的作品也都尽量做成了简单漂亮的花样。让我们一起享受手工编织的时光吧！

※编织的手劲因人而异。参考作品的尺寸和密度，
来调整适合自己编织手劲的针号和线的用量吧。

花形露指翻盖手套

图片p.4、5

材料和工具

a（黑色、米色）：和麻纳卡 FAIRLADY 50 米色（46）
52g、黑色（50）33g

b（红色、藏青色、原白色）：和麻纳卡 FAIRLADY
50 原白色（2）37g，和麻纳卡 MOHAIR 红色（35）
25g、藏青色（45）18g

c（绿色、米色）：和麻纳卡 阿美利 米色（21）
27g、绿色（14）44g

通用：棒针（短 5根针）a、b／5号、3号 c／6号、
5号、4号

成品尺寸

a／掌围21cm、长30cm

b、c／掌围20cm、长28.5cm

密度

10cm×10cm的面积内：配色花样 a／23针、25行
b、c／24针、26行

编织要点

※b的红色线和藏青色线是2根合在一起编织的。

● 装饰穗的起针（参照p.18），连成环后做2行下针
编织。

● 接着（c开始换针）横线渡线编织41行配色花样
A。在拇指位置织入另线，将此针目再次移到左棒
针上，在另线上继续编织花样（右手和左手的拇指
位置对称编织）。

● 换针，用指定的颜色织5行单罗纹针，在编织终
点做伏针收针。

● 翻盖另线锁针起针织23针和从手背开始挑针织25
针连接成环形（参照p.19），按照图示减针织26行
配色花样B。用线穿过剩下的针目2次后拉紧。

● 拆开另线锁针挑针编织，只在手掌编织单罗纹针。
在编织终点做伏针收针。两侧都缝到主体上（参照
p.19）。

● 拇指部分上、下的针目分开，用2根针挑针编织，
抽出另线。接线从两端的渡线处开始一针一针地挑，
编织18针，连成环后做下针编织。指尖按图示减针，
用线穿过剩下的针目2次后拉紧。

翻盖（配色花样B）

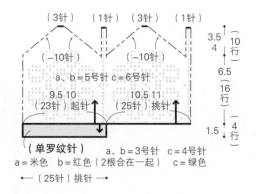

（3针）　（1针）　（3针）　（1针）

3.5
4
6.5
16行
1.5
10行
4行

a、b=5号针 c=6号针

（-10针）　（-10针）

9.5 10　　10.5 11
（23针）起针　（25针）挑针

（单罗纹针）　　a、b=3号针 c=4号针

a＝米色　b＝红色（2根合在一起）　c＝绿色

← （25针）挑针 →

主体

（单罗纹针）
a、b=3号针 c=4号针

a=米色 b=红色（2根合在一起）c=绿色

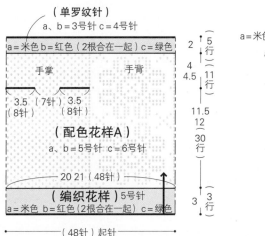

手掌　　手背

3.5（7针）3.5
（8针）　（8针）

（配色花样A）

a、b=5号针 c=6号针

20 21（48针）

（编织花样）5号针

a=米色 b=红色（2根合在一起）c=绿色

← （48针）起针 →

2
4
4.5
11.5
12
30行
3
5行
11行
3行

＊黑色字=b、c的尺寸　＊没有区分颜色的为通用尺寸
红色字=a的尺寸

拇指
（下针编织）

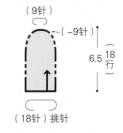

a=米色　b=红色（2根合在一起）c=绿色

a、b=5号针 c=6号针

（9针）

（-9针）

6.5
18行

（18针）挑针

拇指
下针编织

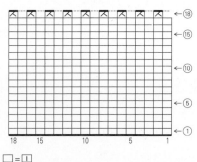

18
15
10
5
1

18　15　　10　　5　　1

□ ＝ ① 下针

⋏ ＝左上2针并1针

翻盖

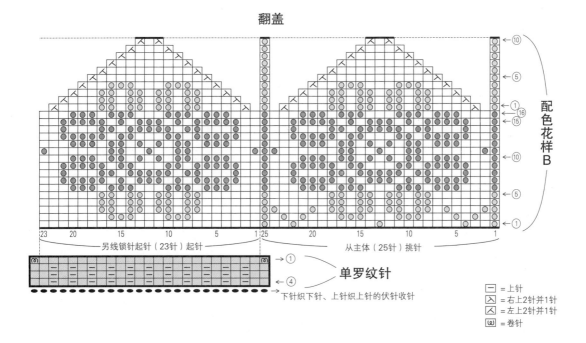

23　20　15　10　5　1 25　20　15　10　5　1

另线锁针起针（23针）起针　　　　从主体（25针）挑针

③ → ①
← ④

单罗纹针

下针织下针、上针织上针的伏针收针

□ = 上针
⋋ = 右上2针并1针
⋌ = 左上2针并1针
⊗ = 卷针

配色花样B

主体

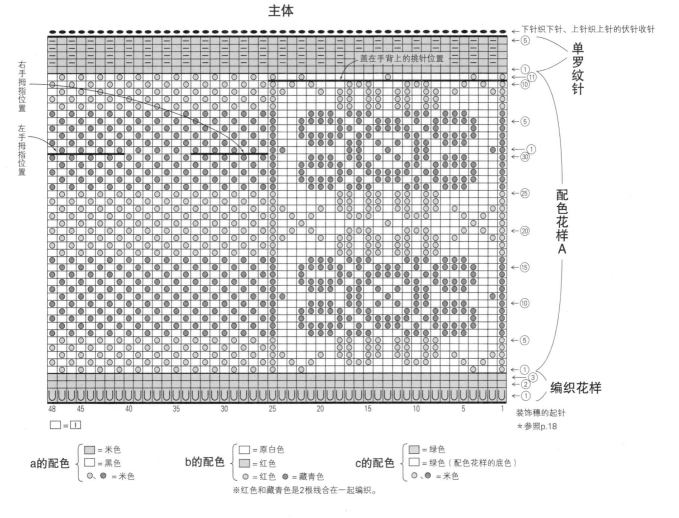

48　45　40　35　30　25　20　15　10　5　1

□ = ①

下针织下针、上针织上针的伏针收针

单罗纹针

盖在手背上的挑针位置

右手拇指位置

左手拇指位置

配色花样A

编织花样

装饰穗的起针
＊参照p.18

a的配色 { ▨ = 米色　□ = 黑色　◌、● = 米色 }

b的配色 { □ = 原白色　▨ = 红色　◌ = 红色　● = 藏青色 }

c的配色 { ▨ = 绿色　□ = 绿色（配色花样的底色）　◌、● = 米色 }

※红色和藏青色是2根线合在一起编织。

私人定制款绒球帽

图片p.6、7

材料和工具

和麻纳卡 MEN'S CLUB MASTER

基础款：米色（27）85g、藏青色（23）30g

A：红色（42）100g　B：深棕色（58）130g

C：灰蓝色（66）100g　D：苔绿色（65）130g

仅B、D：直径22mm的纽扣各2个

通用：棒针（4根针）9号、8号

成品尺寸（通用）

头围54cm、帽深23.5cm（除护耳外）

密度（通用）

10cm×10cm的面积内：编织花样 14针、28行

编织要点

● 手指挂线起针织76针，连成环后编织26行双罗纹针。

● 换针，编织45行编织花样，再边分散减针边编织5行〔（反拉针（2行）的编织方法，参照p.20）〕。

● 用线把剩下的针目每隔一针穿一次，第二次穿刚刚没穿到的针目后拉紧。

● 绒球参照图示制作，缝到主体的顶端。

● 护耳，手指挂线起针织16针，编织22行双罗纹针，边减针边编织6行，剩下的6个针目，每3针做下针无缝缝合。

● 纽扣缝在主体的双罗纹针的反面。

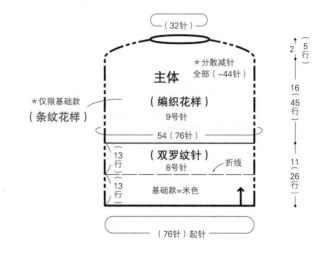

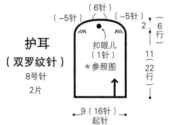

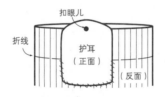

护耳的缝合方法

扣眼儿

护耳（正面）

折线

（反面）

护耳缝到主体的内侧，到折线为止，不要影响到正面的美观

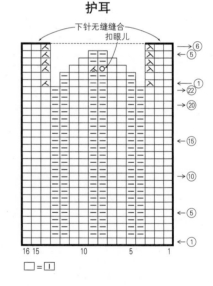

护耳

下针无缝缝合

扣眼儿

□ = ｜
□ = 上针

绒球

7

绒球的制作方法

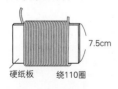

7.5cm

硬纸板　绕110圈

中间系紧，两头剪断，整理形状

成品

基础款

A、C款

B、D款

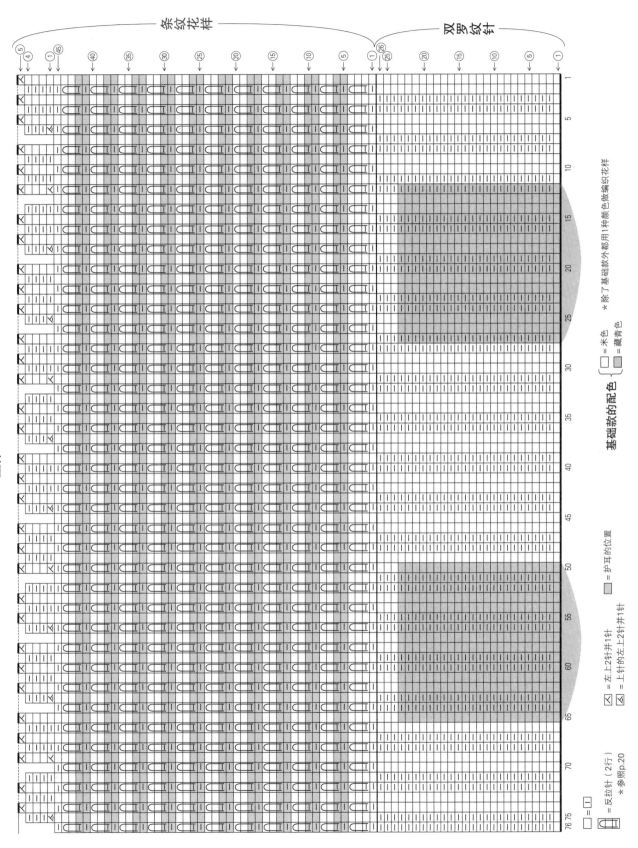

主体

条纹花样　　　　双罗纹针

基础款的配色 { □ = 米色　　*除了基础款外都用1和颜色做编织花样
　　　　　　　{ ■ = 藏青色

□ = □

▤ = 反拉针（2行）　　回 = 左上2针并1针　　■ = 护耳的位置
★参照p.20　　　　　　回 = 上针的左上2针并1针

白色菱形花样袜子

图片p.9

材料和工具
和麻纳卡 SONOMONO TWEED 原白色（71）90g
棒针（短 5根针）4号

成品尺寸
袜底长23cm、足围21cm、袜筒长27.5cm

密度
10cm×10cm的面积内：编织花样 26针、36行
配色花样 26针、30行

编织要点
● 手指挂线起针织52针，连成环后编织56行双罗纹针。

● 编织花样的第1行加2针。脚后跟位置织入另线，将此针目再移到左棒针上，在另线上继续编织花样。

● 脚尖部分用同色的线以配色花样的要领交叉编织。用线穿过剩下的针目2次后拉紧。

● 脚后跟部分上、下针目分开，用2根针挑针编织，抽出另线。接线从两端的渡线处每一针都挑针织54针，连成环后边减针边以配色花样的要领交叉编织。用线穿过剩下的针目2次后拉紧。

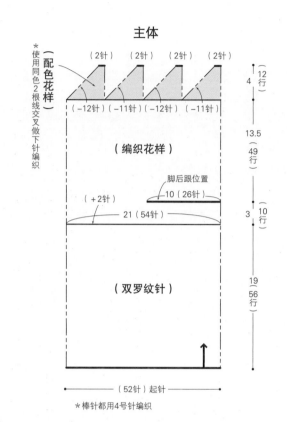

主体

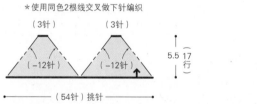

脚后跟
（配色花样）

＊使用同色2根线交叉做下针编织

脚后跟
配色花样

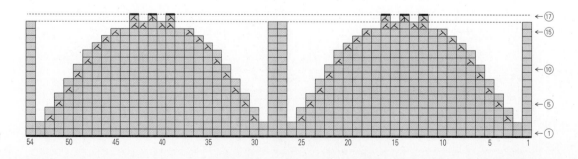

主体

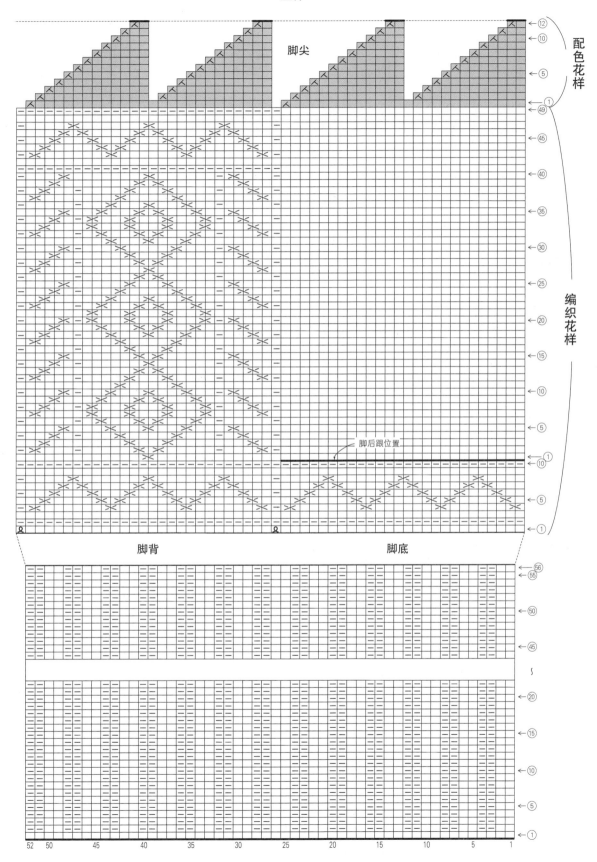

脚尖

脚背　　　　　　　　　脚底

拉脱维亚风连指手套（黑色）

图片p.10

材料和工具

和麻纳卡 纯毛中细 原白色（2）30g、黑色（30）
20g，棒针（短 5根针）3号、2号

成品尺寸

掌围19.5cm、长25cm

密度

10cm×10cm的面积内：配色花样 33针、34行

编织要点

● 手指挂线起针织60针，连成环后用原白色线编织
24行单罗纹针。

● 换针，第1行织4针加针，横着渡线编织配色花样。
在拇指位置织入另线，将此针目再次移到左棒针上，
在另线上继续编织花样（右手和左手的拇指位置对
称编织）。

● 主体的指尖按照图示减针，用线穿过剩下的针目
2次后拉紧。

● 拇指部分上、下的针目分开，用2根针挑针编织，
抽出另线。接线从两端的渡线处开始一针一针地挑，
织22针，连成环后用原白色线做下针编织。指尖部
分按图所示减针，用线穿过剩下的针目2次后拉紧。

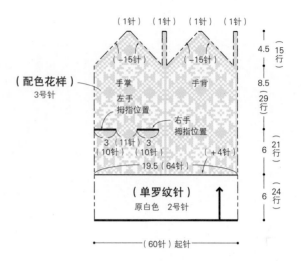

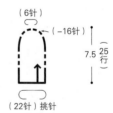

拇指
下针编织

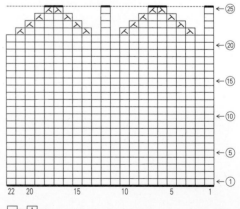

□ = |

⊼ = 左上2针并1针

⊼ = 右上2针并1针

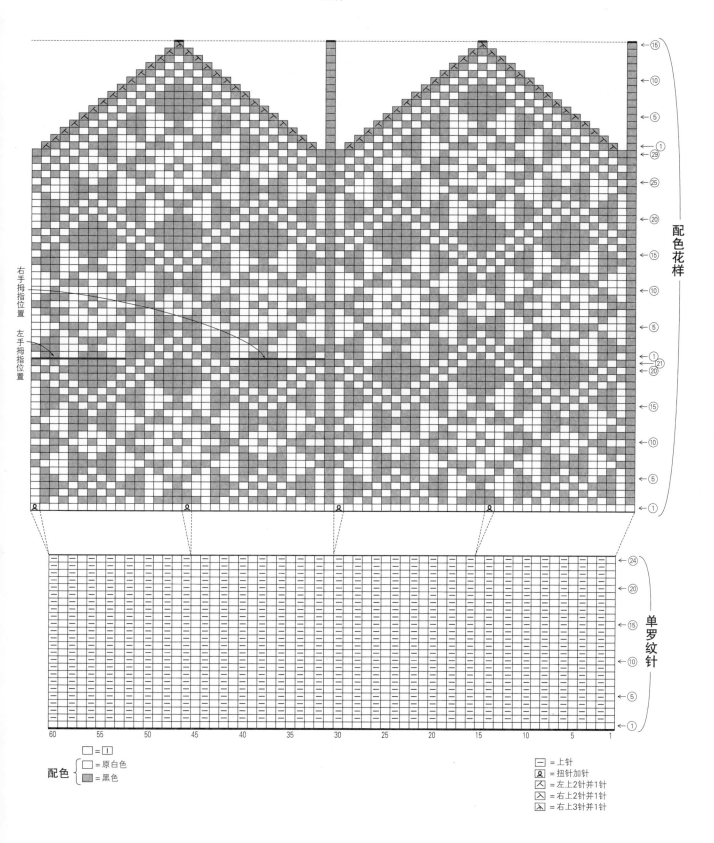

主体

拉脱维亚风连指手套(红色)

图片p.11

材料和工具

和麻纳卡 SONOMONO（粗）原白色（1）30g

和麻纳卡 MOHAIR 红色（35）22g

棒针（短 5根针）3号

成品尺寸

掌围20cm、长27.5cm

密度

10cm×10cm的面积内：配色花样 30针、30行

编织要点

● 手指挂线起针织60针，连成环后编织8行条纹花样。

● 接着横着渡线编织配色花样A。在拇指位置织入另线，将此针目再次移到左棒针上，在另线上继续编织花样（右手和左手的拇指位置对称编织）。

● 主体的指尖按照图示减针，用线穿过剩下的针目2次后拉紧。

● 拇指部分上、下的针目分开，用2根针挑针编织，抽出另线。接线从两端的渡线处开始一针一针地挑，织26针，连成环后编织配色花样B。指尖部分按图所示减针，用线穿过剩下的针目2次后拉紧。

主体

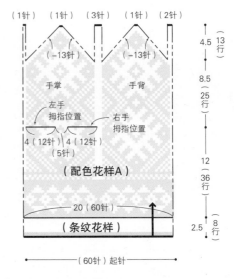

＊棒针都用3号针编织

拇指
（ 配色花样B ）

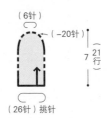

左手拇指
配色花样B'

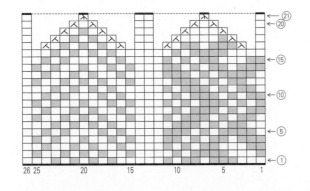

右手拇指
配色花样B

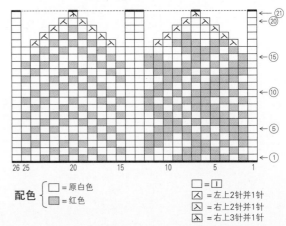

配色 ｛ □ =原白色
　　　 ▨ =红色

□ =｜
╱ =左上2针并1针
╲ =左上2针并1针
人 =右上3针并1针

主体

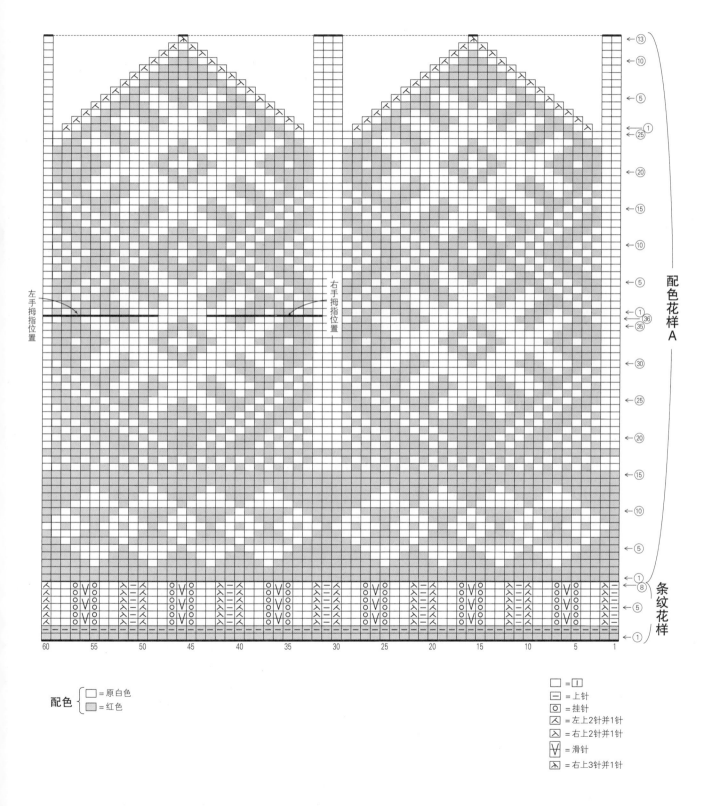

左手拇指位置

右手拇指位置

□ = 丄
— = 上针
O = 挂针
⼈ = 左上2针并1针
⼈ = 右上2针并1针
V = 滑针
⼈ = 右上3针并1针

配色花样A

条纹花样

交叉花样帽子

图片p.12

材料和工具

和麻纳卡 SONOMONO ALPACA WOOL（中粗）

灰色（65）68g

棒针（4根针）6号、4号

成品尺寸

头围62.5cm、帽深20cm

密度

10cm×10cm的面积内：编织花样 26.5针、31行

编织要点

● 手指挂线起针织120针，连成环后编织10行扭针双罗纹针。

● 换针后，在第1行边加针边编织28行编织花样，再分散减针编织27行。

● 剩下的5针做下针编织，要织4行形成细绳状，最后用线穿过剩下的针目后拉紧（编织方法参照p.21）。

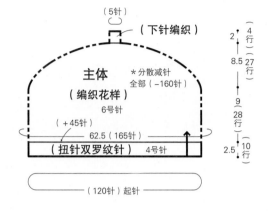

（5针）

（下针编织）

主体
（编织花样）

＊分散减针
全部（−160针）

6号针

（+45针）

62.5（165针）

（扭针双罗纹针） 4号针

2 ─ 4行
8.5 ─ 27行
9 ─ 28行
2.5 ─ 10行

（120针）起针

主体

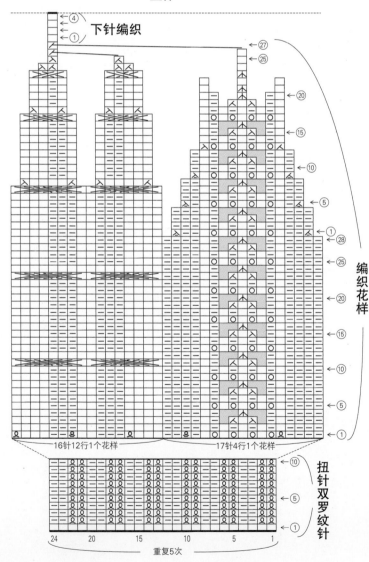

下针编织

←④
←①

←㉗
←㉕
←⑳
←⑮
←⑩
←⑤
←①㉘
←㉕
←⑳
←⑮
←⑩
←⑤
←①

编织花样

16针12行1个花样   17针4行1个花样

←⑩
←⑤
←①

扭针双罗纹针

24   20   15   10   5   1

重复5次

= $\boxed{1}$

= 扭针

= 上针

= 扭针加针

= 上针的扭针加针

= 挂针

= 右上2针并1针

= 左上2针并1针

= 上针的左上2针并1针

= 上针的右上2针并1针

= 中上3针并1针

= 没有针目的部分

= 右上2针交叉

= 左上2针交叉

= 右上3针交叉

= 左上3针交叉

= 右上4针交叉

= 左上4针交叉

黄色围脖

图片p.14

材料和工具

和麻纳卡 FAIRLADY50 深黄色（98）250g

棒针 7号

成品尺寸

宽23cm、长（周长）130cm

密度

10cm×10cm的面积内：编织花样 35针、27行

编织要点

● 另线锁针起针织80针，做352行编织花样。编织终点的针目休针。

● 编织起点和编织终点做下针无缝缝合。

编织花样

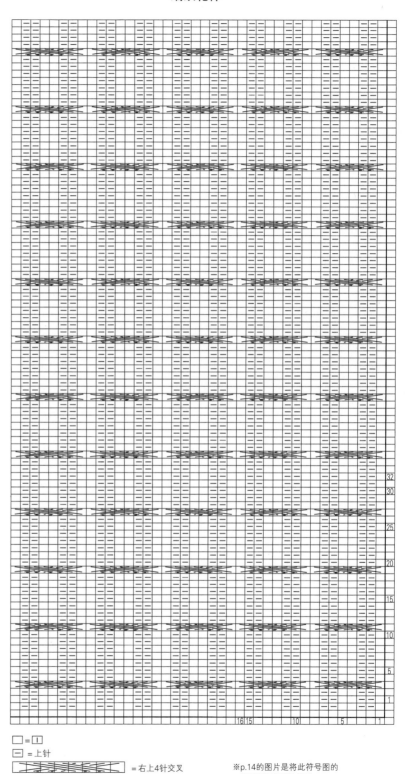

□ = ☐

□ = 上针

= 右上4针交叉

= 左上4针交叉

※p.14的图片是将此符号图的反面当作外面拍摄的。

休针

主体

（编织花样）

7号针

130
（352
行）

23（80针）起针

露指护腕手套

图片p.13

材料和工具

和麻纳卡 纯毛中细 深棕色（5）20g、原白色（2）15g、灰色（27）、浅棕色（37）各10g

和麻纳卡 MOHAIR 金黄色（31）5g、绿色（94）2g

棒针（短 5根针）3号、2号

成品尺寸

掌围21cm、长25cm

密度

10cm×10cm的面积内：配色花样 33针、34行

编织要点

● 手指挂线起针织70针，连成环后用深棕色线编织12行扭针单罗纹针。

● 换针，横着渡线编织配色花样。

● 在拇指位置织入另线，将此针目再次移到左棒针上，在另线上继续编织花样（右手和左手的拇指位置对称编织）。

● 换针，编织8行扭针单罗纹针后，做伏针收针。

● 拇指部分上、下的针目分开，用2根针挑针编织，抽出另线。接线从两端渡线处开始一针一针地挑24针，环形编织8行扭针单罗纹针后做伏针收针。

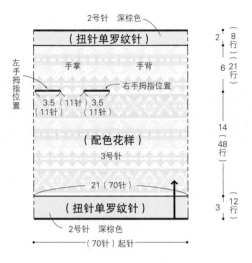

主体

拇指
（扭针单罗纹针）

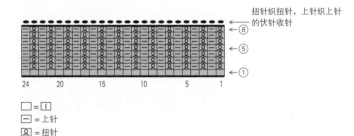

拇指

□ = ⊡
─ = 上针
⊗ = 扭针

成品

主体

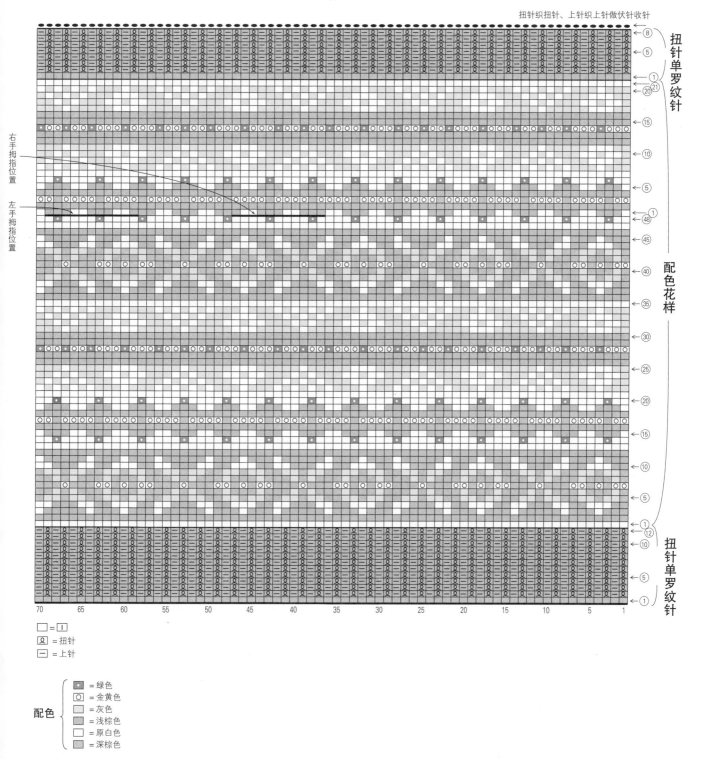

扭针织扭针、上针织上针做伏针收针

右手拇指位置

左手拇指位置

扭针单罗纹针

配色花样

扭针单罗纹针

□ = □
Ω = 扭针
— = 上针

配色 {
⊡ = 绿色
◎ = 金黄色
□ = 灰色
▨ = 浅棕色
□ = 原白色
▨ = 深棕色
}

55

莫比乌斯披肩

图片p.15

材料和工具

和麻纳卡 MEN'S CLUB MASTER 灰色（51）182g、
ALPACA MOHAIR Fine 白色（1）116g

棒针 8mm

成品尺寸

宽50cm、长（周长）100cm

密度

10cm×10cm的面积内：英式罗纹针 7针、10行

编织要点

※用1根MEN'S CLUB MASTER、2根ALPACA MOHAIR
Fine线并在一起编织。

● 另线锁针起针织35针，编织100行英式罗纹针。
编织终点针目休针。

● 把织片如图扭转，将编织起点的针目和编织终点
的针目引拔接合在一起形成环。

编织花样

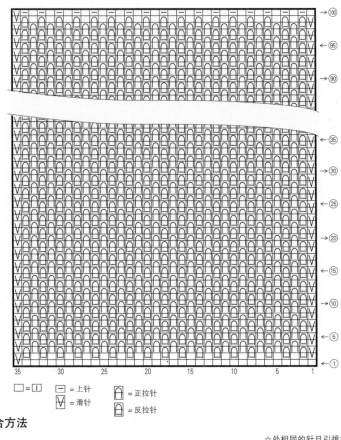

□ = [I]　　— = 上针　　∩ = 正拉针
Ⅴ = 滑针　　∩ = 反拉针

主体
（英式罗纹针）

8mm棒针

＊用1根MEN'S CLUB MASTER、
2根ALPACA MOHAIR Fine线
并在一起编织

100（100行）

50（35针）起针

组合方法

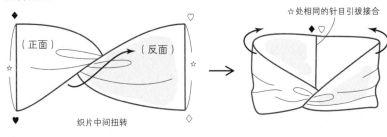

（正面）　（反面）

织片中间扭转

☆处相同的针目引拔接合

英式罗纹针

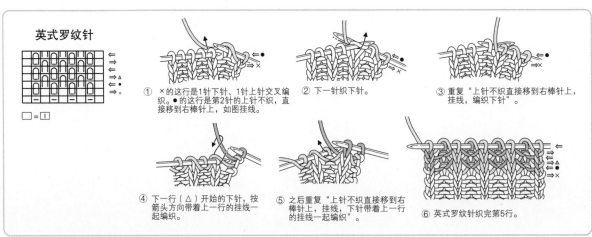

□ = [I]

① ×的这行是1针下针、1针上针交叉编织。●的这行是第2针的上针不织，直接移到右棒针上，如图挂线。

② 下一针织下针。

③ 重复"上针不织直接移到右棒针上，挂线，编织下针"。

④ 下一行（△）开始的下针，按箭头方向带着上一行的挂线一起编织。

⑤ 之后重复"上针不织直接移到右棒针上，挂线，下针带着上一行的挂线一起编织"。

⑥ 英式罗纹针织完第5行。

尖顶帽

图片p.16、17

材料和工具

条纹款：和麻纳卡 EXCEED WOOL L（中粗） 灰色（328）70g、蓝色（324）45g

原白色款：和麻纳卡 EXCEED WOOL L（中粗）原白色（302）115g

紫色款：和麻纳卡 EXCEED WOOL L（中粗） 紫色（314）115g

通用：棒针（4根针）5号、4号

成品尺寸

头围52.5cm、帽深23cm

密度

10cm×10cm的面积内：编织花样 25.5针、29行

编织要点

● 手指挂线起针织132针，连成环后织36行双罗纹针。

● 换针，在第1行最后一针加针（上针的扭针加针），编织36行编织花样，分散减针编织16行。

● 用线把剩下的针目每隔1针穿1次，第2次穿刚刚没穿到的针目后拉紧。

主体

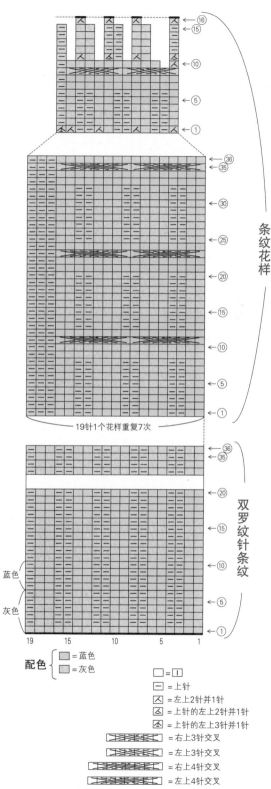

19针1个花样重复7次

双罗纹针条纹

19 15 10 5 1

配色
　 = 蓝色
　 = 灰色

□ = □
— = 上针
人 = 左上2针并1针
⅄ = 上针的左上2针并1针
⋀ = 上针的左上3针并1针
〓 = 右上3针交叉
〓 = 左上3针交叉
〓 = 右上4针交叉
〓 = 左上4针交叉

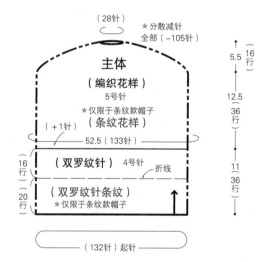

（28针）
*分散减针
全部（−105针）

主体

（编织花样）
5号针
*仅限于条纹款帽子
（条纹花样）

52.5（133针）

（+1针）

（双罗纹针）4号针
折线

（双罗纹针条纹）
*仅限于条纹款帽子

（132针）起针

5.5（16行）
12.5（36行）
11（36行）

16行
20行

童趣老鼠连指手套

图片p.22

材料和工具

老鼠：和麻纳卡 SONOMONO ALPACA WOOL 中粗 浅灰色（64）38g

刺猬：和麻纳卡 SONOMONO ALPACA WOOL 中粗 灰色（65）60g

制作绒毛的另线、缝合线（灰色）少量，硬纸板

通用：棒针（短 5根针）5号、4号，钩针5/0号

面部的刺绣线…和麻纳卡 FAIRLADY50 深棕色（92）少量

成品尺寸

掌围15cm、长18.5cm

密度

10cm×10cm的面积内：编织花样 24针、34行，下针编织 24针、31行

编织要点

● 手指挂线起针织32针，连成环后编织24行双罗纹针。

● 换针，在第1行织4针加针的同时做编织花样。在拇指位置织入另线，再将此针移动到左棒针上，继续在另线上做编织花样（右手与左手的拇指位置对称编织）。

● 主体的指尖如图所示减针，用线穿过剩下的针目2次后拉紧。

● 拇指部分上、下的针目分开，用2根针挑针编织，抽出另线。接线从两端的渡线处开始一针一针地挑，织14针，连成环后做下针编织。指尖如图所示减针，用线穿过剩下的针目2次后拉紧。

● 编织刺猬时，参照p.21的做法加入绒毛。

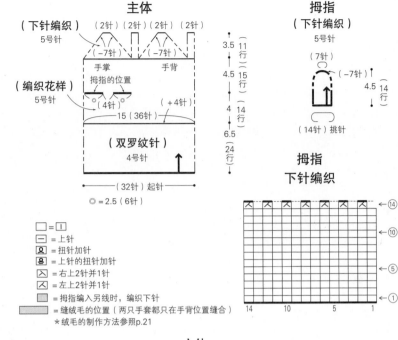

主体

（下针编织）5号针　（2针）（2针）（2针）（2针）（−7针）（−7针）

3.5（11行）　4.5（15行）　4（14行）　6.5（24行）

手掌　手背　拇指的位置

（编织花样）5号针

（+4针）

15（36针）

（双罗纹针）4号针

（32针）起针

◎ = 2.5（6针）

拇指

（下针编织）5号针

（7针）（−7针）

3.5　4.5（14行）

（14针）挑针

拇指 下针编织

□ = ▢
⊟ = 上针
⮂ = 扭针加针
⮂ = 上针的扭针加针
⋋ = 右上2针并1针
⋌ = 左上2针并1针
▨ = 拇指编入另线时，编织下针
▨ = 缝绒毛的位置（两只手套都只在手背位置缝合）
＊绒毛的制作方法参照p.21

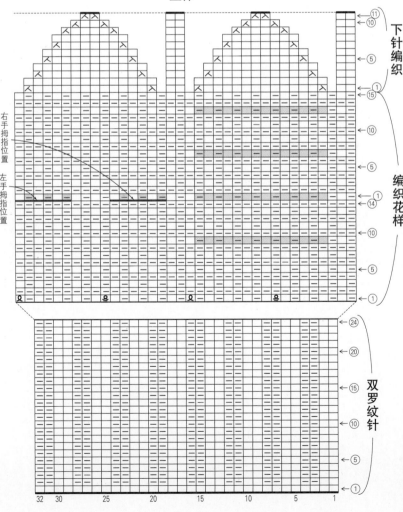

主体

右手拇指位置

左手拇指位置

下针编织　编织花样　双罗纹针

面部的刺绣

耳朵

直线绣

胡子
胡子在反面将线打结，以不影响正面效果为准挑一针后穿到正面，留出喜欢的长度后剪断

缎面绣

缝耳朵的时候尽量将两个底边缝得短一些

＊线用1根FAIRLADY 50

耳朵

5/0号针 2片

环 = 环的起针
○ = 锁针
+ = 短针
∨ = 1针放2针短针

儿童水珠帽子

图片p.23

材料和工具

和麻纳卡 SONOMONO ALPACA WOOL 原白色（41）40g、和麻纳卡 SONOMONO LOOP 灰米色（52）22g

棒针（4根针）10号、8号

成品尺寸

头围48cm、帽深20.5cm

密度

10cm×10cm的面积内：条纹花样 15针、29.5行

编织要点

● 手指挂线起针织72针，连成环后编织8行扭针双罗纹针。

● 换针，编织40行条纹花样，再分散减针编织11行。

● 剩下的3针做下针编织，织出2行细绳状（编织方法参照p.21），将线穿过针目后拉紧。

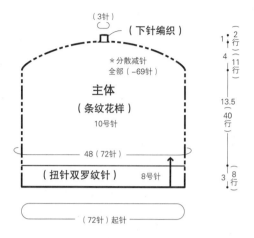

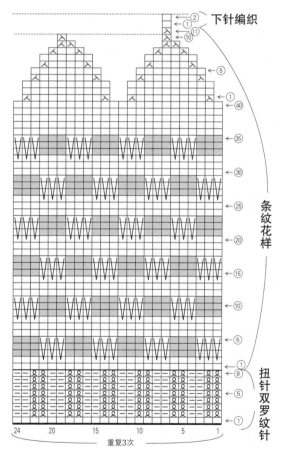

主体

配色 { = 灰米色 = 原白色 }

- □ = ☐
- ⊠ = 扭针
- ☐ = 上针
- ╲╲ = 滑针
- ⊠ = 右上2针并1针
- ⊠ = 左上2针并1针

雪趣连指手套

图片 p.24

材料和工具

和麻纳卡 SONOMONO ALPACA WOOL（中粗）

原白色（61）30g、灰色（65）15g

刺绣用线…和麻纳卡 阿美利 绿色（14）少量，

FAIRLADY50 红色（101）、黄色（95）各少量

棒针（短 5根针）5号、3号

成品尺寸

掌围16cm、长20cm

密度

10cm×10cm的面积内：配色花样 25针、30行

编织要点

● 手指挂线起针织36针，连成环后织28行双罗纹针。

● 换针，在第1行织4针加针，右手织配色花样A，
左手织配色花样B（横向渡线）。拇指位置织入另
线，再将此针移动到左棒针上，继续在另线上编织
花样（右手与左手的拇指位置对称编织）。

● 主体的指尖如图所示减针，用线穿过剩下的针目
2次后拉紧。

● 拇指部分上、下的针目分开，用2根针挑针编织，
抽出另线。接线从两端的渡线处开始一针一针地
挑，织14针，连成环后做下针编织。指尖如图所
示减针，用线穿过剩下的针目2次后拉紧。

● 在主体和拇指的指定位置上刺绣。

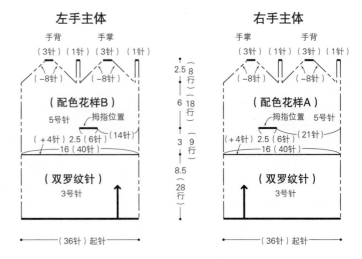

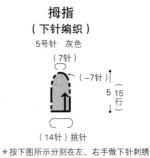

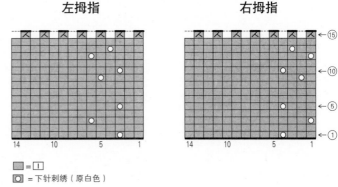

＊按下图所示分别在左、右手做下针刺绣

■ = ☐
◎ = 下针刺绣（原白色）

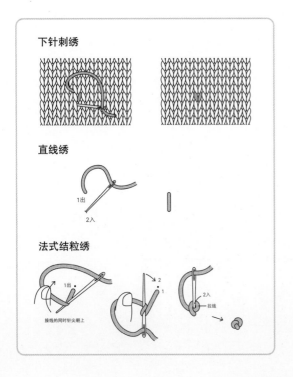

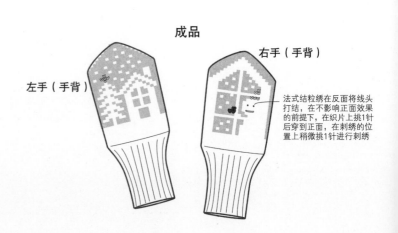

左手主体

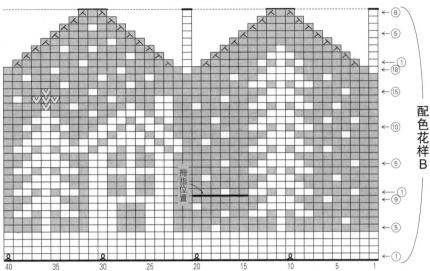

拇指位置

配色花样B

右手主体

刺绣的配色
＊线都用1股

🗸 = 下针刺绣（绿色）
🗸 = 下针刺绣（红色）
● = 法式结粒绣（绿色）
〰 = 直线绣（灰色）
🗸 = 下针刺绣（黄色）

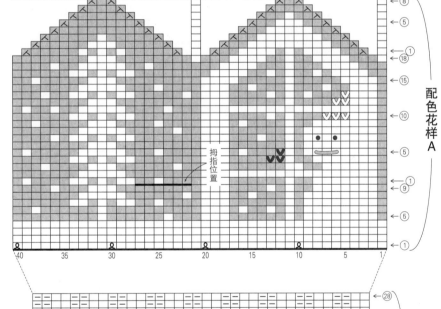

拇指位置

配色花样A

配色 { ▨ = 灰色
       □ = 原白色

□ = |I|
－ = 上针
🛇 = 扭针加针
人 = 右上2针并1针
人 = 左上2针并1针

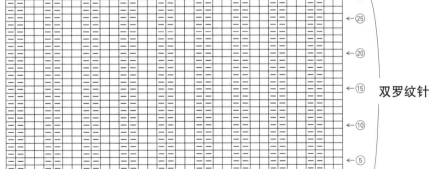

双罗纹针

61

五指手套

图片p.25

材料和工具

和麻纳卡 FAIRLADY50 绿松石蓝色（102）50g、米色（46）22g

棒针（短 5根针）5号、4号

成品尺寸

掌围19cm、长27cm

密度

10cm×10cm的面积内：配色花样 24针、26行，下针编织 22针、30行

编织要点

● 手指挂线起针织42针，连成环后织27行单罗纹针。

● 换针，边在第1行织4针加针，边横着渡线用配色花样编织手掌和手背。在拇指位置织入另线，将此针再次移到左棒针上，在另线上继续编织花样（右手和左手的拇指位置对称编织）。

● 各个手指按照图示挑针后，编织下针条纹。指尖位置按照图示减针，用线穿过剩下的针目2次后拉紧。

● 拇指部分上、下的针目分开，用2根针挑针编织，抽出另线。接线从两端的渡线处开始一针一针地挑，织18针，连成环后织下针条纹。指尖部分按图所示减针，用线穿过剩下的针目2次后拉紧。（手指的编织方法，参照p.36的五指手套）。

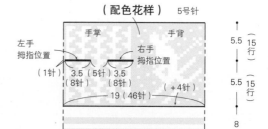

主体

（配色花样） 5号针

手掌　手背

左手拇指位置　右手拇指位置

（1针）　3.5（5针）　3.5（8针）　（8针）　（+4针）

19（46针）

（单罗纹针条纹） 4号针

5.5（15行）　5.5（15行）　8（27行）

（42针）起针

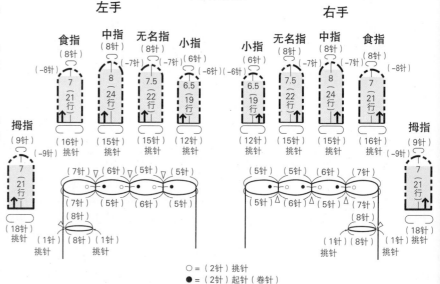

手指 （下针条纹）5号针

左手　　　　　　　　　　右手

食指（8针）　中指（8针）　无名指（8针）　小指（6针）　　　　小指（6针）　无名指（8针）　中指（8针）　食指（8针）

○ =（2针）挑针
● =（2针）起针（卷针）
▷ =接线

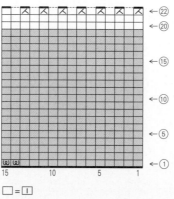

小指

无名指

中指

配色 { □=米色　■=绿松石蓝色

食指 拇指

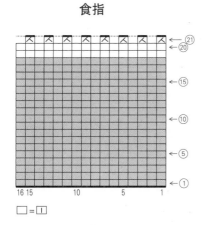

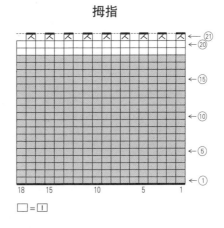

□ = □

□ = □

主体

右手手指编织起点位置　　　　　　左手手指编织起点位置

小指　　无名指　　中指　　食指　　小指　　无名指　　中指　　食指

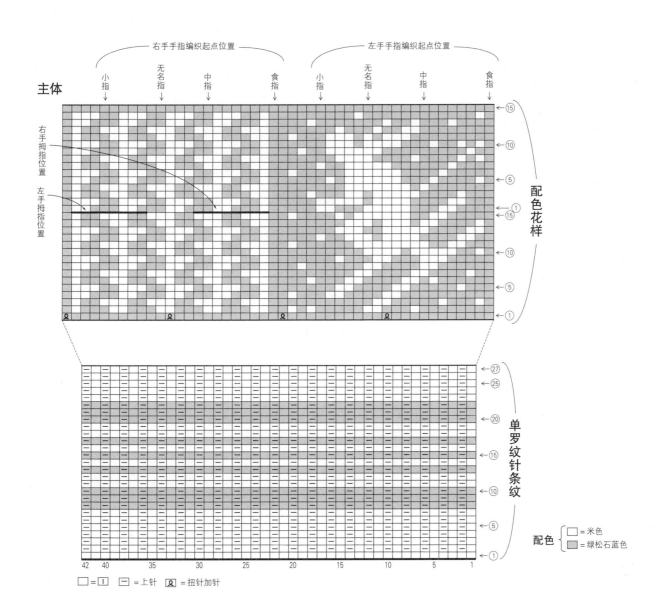

右手拇指位置

左手拇指位置

配色花样

单罗纹针条纹

配色 { □ = 米色
　　　 ■ = 绿松石蓝色

□ = □　　 ─ = 上针　　 ☖ = 扭针加针

士兵图案室内袜

图片p.26

材料和工具

和麻纳卡 阿美利 米色(21)40g、棕色(9)31g

棒针(短 5根针)5号、4号

成品尺寸

袜底长23cm、足围22.5cm、袜筒长13cm

密度

10cm×10cm的面积内：配色花样A 24针、29.5行

编织要点

● 另线锁针起针织54针，连成环后横着渡线编织41行配色花样A。脚后跟织入另线，将此针目再次移到左棒针上，在另线上继续做编织花样。

● 换针，袜口织21行变形的罗纹针条纹，编织终点用米色线松松地做伏针收针。

● 脚尖另线锁针挑针，连成环后减针编织12行，用2根米色线交叉编织，织配色花样B。用线穿过剩下的针目2次后拉紧。

● 脚后跟部分上、下的针目分开，用2根针挑针编织，抽出另线。接线从两端的渡线处开始一针一针地挑，织56针，连成环后边减针边编织16行，用2根米色线交叉编织，编织配色花样B。用线穿过剩下的针目2次后拉紧。

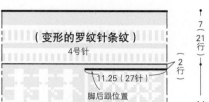

主体

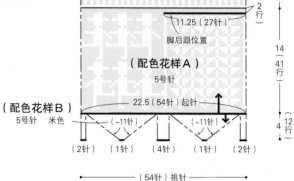

脚后跟
(配色花样B)

5号针 米色

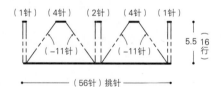

脚后跟
配色花样B

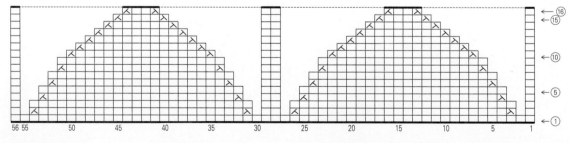

□ = ☐

☒ = 右上2针并1针

☒ = 左上2针并1针

主体

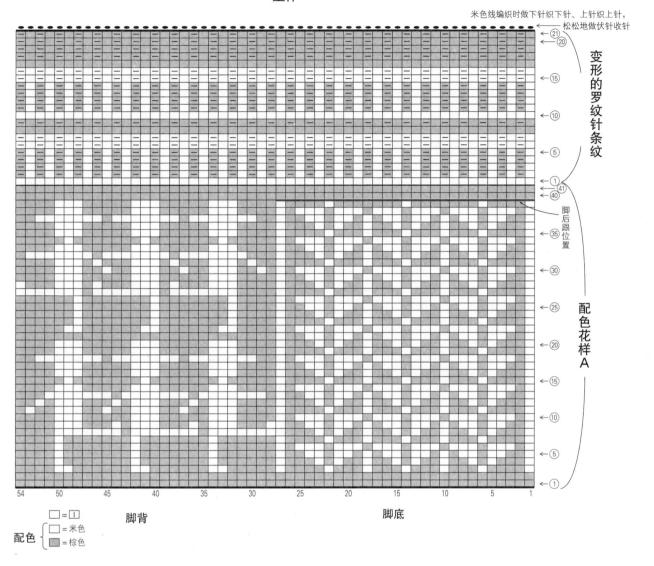

米色线编织时做下针织下针、上针织上针，
松松地做伏针收针

← ㉑
← ⑳
← ⑮
← ⑩
← ⑤
← ①
← ㊶
← ㊵

变形的罗纹针条纹

脚后跟位置

㉟
← ㉚
← ㉕
← ⑳
← ⑮
← ⑩
← ⑤
← ①

配色花样A

54 50 45 40 35 30 25 20 15 10 5 1

□ = 凵

脚背   脚底

配色 { □ = 米色
       ▨ = 棕色

脚尖
配色花样B

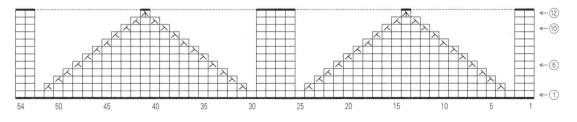

← ⑫
← ⑩
← ⑤
← ①

54 50 45 40 35 30 25 20 15 10 5 1

□ = 凵
⋉ = 右上2针并1针
⋌ = 左上2针并1针
⋏ = 右上3针并1针

树叶双层连指手套

图片p.27

材料和工具

和麻纳卡 SONOMONO（粗）原白色（1）115g

棒针（短 5根针）4号、3号

成品尺寸

掌围21cm、长27.5cm

密度

10cm×10cm的面积内：编织花样B 24针、34行

编织要点

● 手指挂线起针织48针，连成环后用双罗纹针编织内层的手腕部分。

● 接着编织2行上针编织，主体的手腕部分编织28行编织花样A。

● 换针，在第1行织2针加针，做编织花样B。在拇指位置织入另线，将此针目再次移到左棒针上，在另线上继续做编织花样（右手和左手的拇指位置对称编织）。

● 主体的指尖按照图示减针，用线穿过剩下的针目2次后拉紧。

● 拇指部分上、下的针目分开，用2根针挑针编织，抽出另线。接线从两端的渡线处开始一针一针地挑，织20针，连成环后做下针编织。指尖按照图示减针，用线穿过剩下的针目2次后拉紧。

● 树叶手指挂线起针织3针，如图所示编织后在剩余的3针上穿线后拉紧。在主体上缝合树叶的位置缝上树叶的下半部分。

● 手套内层手指挂线起针织48针，连成环后和主体一样做下针编织。拇指也做同样的挑针编织。

● 主体和手套内层背面相对，卷针缝缝合。上针编织2行作为折痕，将手套内层翻折后佩戴。

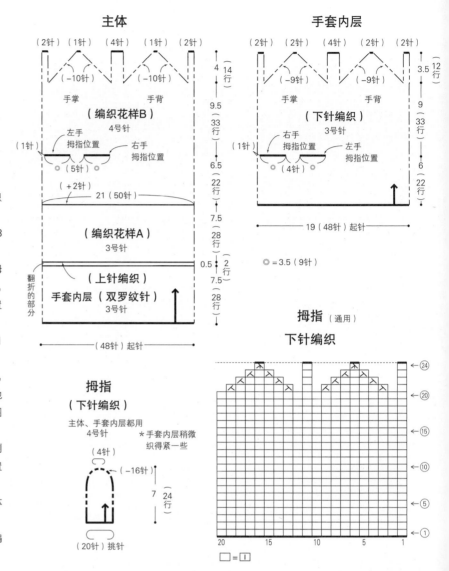

树叶

4号针 18片

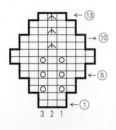

◎ = 挂针

◪ = 中上3针并1针

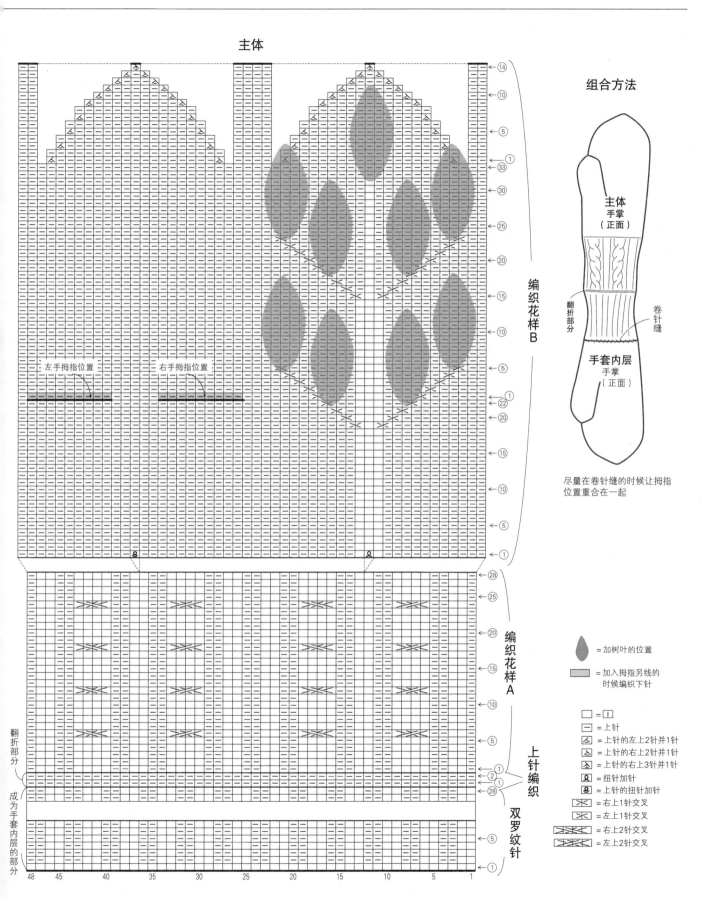

主体

组合方法

编织花样B

左手拇指位置　　右手拇指位置

编织花样A

上针编织

双罗纹针

翻折部分

成为手套内层的部分

主体
手掌
（正面）

手套内层
手掌
（正面）

翻折部分

卷针缝

尽量在卷针缝的时候让拇指位置重合在一起

= 加树叶的位置

= 加入拇指另线的时候编织下针

□ = 下针

− = 上针

= 上针的左上2针并1针

= 上针的右上2针并1针

= 上针的右上3针并1针

= 扭针加针

= 上针的扭针加针

= 右上1针交叉

= 左上1针交叉

= 右上2针交叉

= 左上2针交叉

雪绒花护腕

图片p.28

材料和工具
和麻纳卡 FAIRLADY50 藏青色（27）30g、米色（46）22g

棒针（短 5根针）5号、4号

成品尺寸
掌围20cm、长21.5cm

密度
10cm×10cm的面积内：配色花样 24针、26行

编织要点
● 手指挂线起针织44针，连成环后编织26行双罗纹针条纹。

● 换针，在第1行边织4针加针边编织配色花样（横着渡线）。

● 在拇指位置织入另线，再将此针移到左棒针上，在另线上继续做编织花样（右手和左手的拇指位置对称编织）。

● 换针，织7行双罗纹针条纹，编织终点用米色线做伏针收针。

● 拇指部分上、下的针目分开，用2根针挑针编织，抽出另线。接线从两端的渡线处开始一针一针地挑，织18针，环形编织7行下针条纹后做伏针收针。

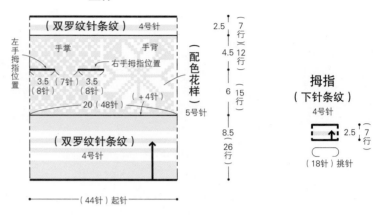

主体

拇指
下针条纹

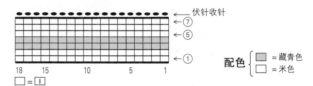

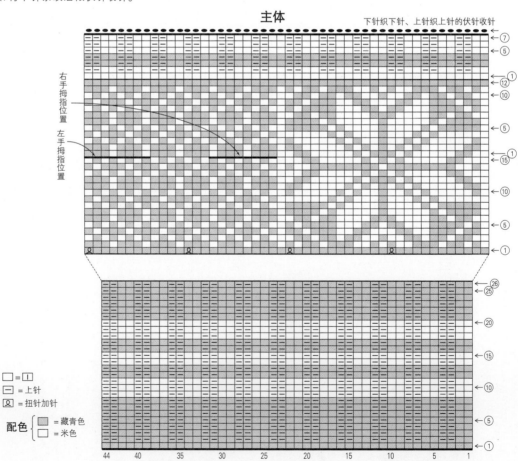

配色 { = 藏青色　= 米色 }

雪绒花护腿

图片p.29

材料和工具

和麻纳卡 FAIRLADY50 藏青色（27）90g、米色（46）52g

棒针（4根针）5号、3号

成品尺寸

腿围30cm、长45cm

密度

10cm×10cm的面积内：配色花样 24针、26行

编织要点

● 手指挂线起针织72针，连成环后织6行双罗纹针。

● 换针，编织96行配色花样（横着渡线）。

● 换针，织18行双罗纹针，编织终点处做伏针收针。

配色花样

下针织下针、上针织上针的伏针收针

（双罗纹针）
3号针

6（18行）

主体
（配色花样）
5号针

37（96行）

30（72针）

（双罗纹针）
3号针

2（6行）

（72针）起针

双罗纹针

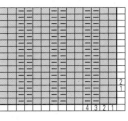

□ = ☐

配色 ｛ ■ =藏青色
　　　 □ =米色

阿兰花样披肩

图片p.30

材料和工具

和麻纳卡 MEN'S CLUB MASTER 深藏青色（7）370g

直径25mm的纽扣2个、直径20mm的纽扣4个

环形针（80cm或100cm）10号、8号，棒针9号

成品尺寸

下摆周长137cm、衣长46cm

密度

10cm×10cm的面积内：上针编织　15针、21行

编织要点

● 手指挂线起针织200针后，编织14行双罗纹针。

● 换针，在第1行边织挂针（下一行这一针织成扭针）的加针边如图所示做编织花样、上针编织、下针编织（参照编织花样的符号图，加针时尽量让整体匀称）。

● 身片的编织终点做下针织下针、上针织上针的伏针收针。

● 从前端挑针，前门襟编织双罗纹针。右前门襟开扣眼儿。编织终点做伏针收针。

● 领子从身片挑针，边调整密度边编织双罗纹针。编织终点做伏针收针。

● 缝上纽扣。

● 编织2片肩襻，缝合。

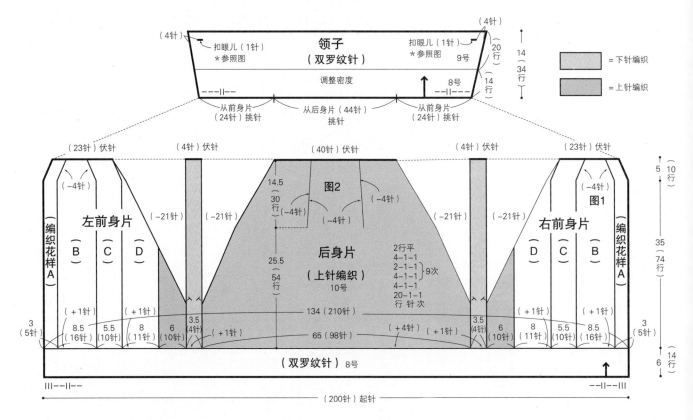

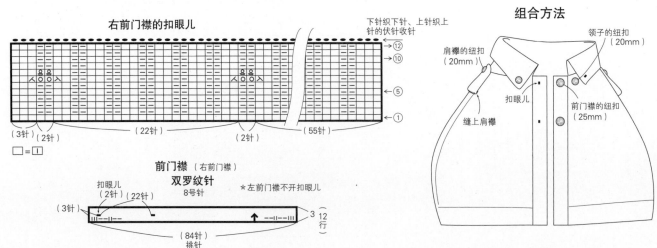

后身片的减针　图2

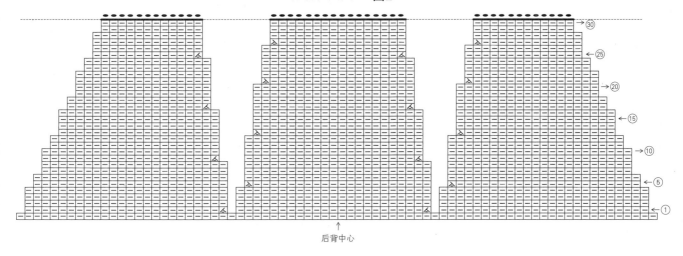

后背中心

肩襻

下针编织

伏针收针

扣眼儿

□ = ⊡

7 5 1

肩襻

下针编织

10号针　2片

（5针）

（−1针）

9.5

（20行）

扣眼儿

（1针）

4（7针）

起针

下针编织

□ = ⊡

前身片的减针　图1

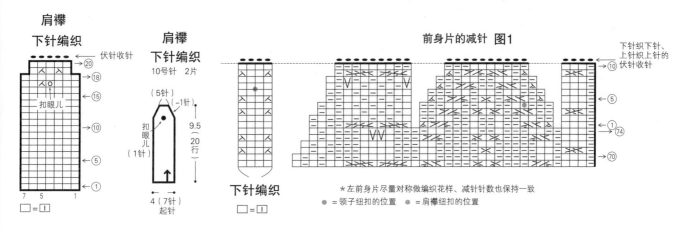

下针织下针、上针织上针的伏针收针

*左前身片尽量对称做编织花样、减针针数也保持一致

● = 领子纽扣的位置　　● = 肩襻纽扣的位置

领子的扣眼儿

下针织下针、上针织上针的伏针收针

（4针）（1针）（82针）（1针）（4针）

□ = ⊡

= 上针
○ = 挂针
= 左上2针并1针
= 右上2针并1针
= 上针的左上2针并1针
= 上针的右上2针并1针
= 上针的扭针
V = 滑针

= 左上1针和2针的交叉
= 左上2针和1针上针的交叉
= 右上2针和1针上针的交叉
= 左上1针的交叉
= 左上1针和1针上针的交叉
= 右上1针和1针上针的交叉
= 右上2针的交叉
= 右上1针和3针的交叉
= 左上1针和3针的交叉

编织花样

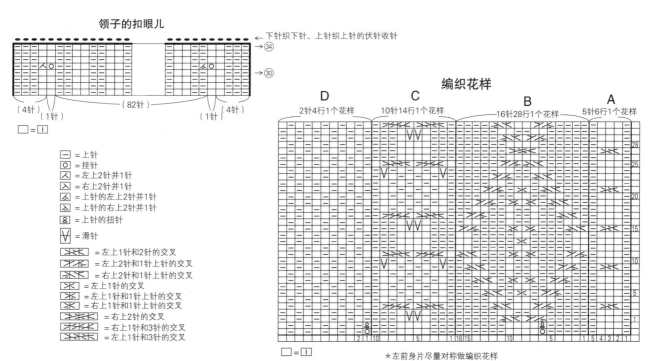

D　　C　　B　　A

2针4行1个花样　10针14行1个花样　16针28行1个花样　5针6行1个花样

□ = ⊡

*左前身片尽量对称做编织花样

圆育克开衫

图片p.32、33

材料和工具

和麻纳卡 MEN'S CLUB MASTER 灰色（56）520g，
深棕色（58）、摩卡茶色（46）各30g，米色（27）20g
直径25mm的纽扣8颗
环形针（80cm）10号、8号，棒针（4根针）10号、8号

成品尺寸

胸围98cm、衣长71cm、连肩袖长75cm

密度

10cm×10cm的面积内：下针编织 15针、20行，配色
花样 15针、19行

编织要点

● 手指挂线起针织140针，编织18行双罗纹针。

● 换针，前后身片继续做下针编织。在编织终点处休针。

● 袖子手指挂线起针织40针，连成环后编织16行双罗纹针。换针，做下针编织。袖下的加针参照符号图挂针，下一行做扭针加针。

● 相同标记的部分做下针的无缝缝合，挑育克的针目。参照符号图边分散减针边编织35行配色花样（横着渡线）。换针，编织领子，在编织终点做织下针、上针织上针的伏针收针。

● 从前端开始挑针，前门襟编织双罗纹针。右前门襟开扣眼儿。在编织终点做伏针收针。在左前门襟缝上纽扣。

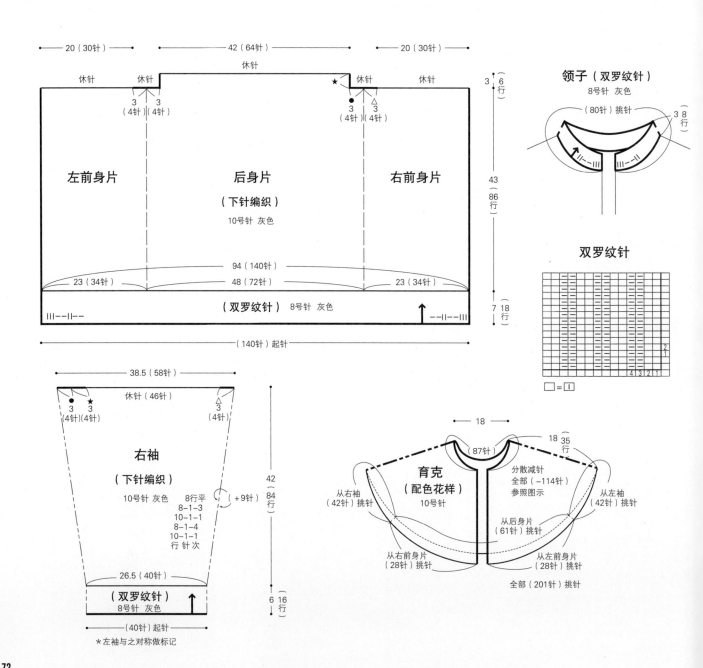

配色花样与分散减针

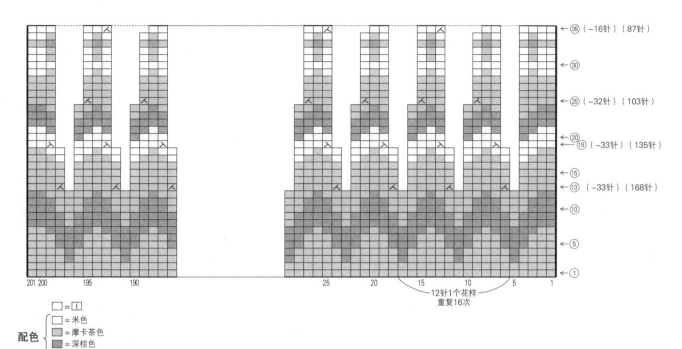

← ㉟ (−16针) (87针)
← ㉚
← ㉕ (−32针) (103针)
← ⑳
← ⑲ (−33针) (135针)
← ⑮
← ⑬ (−33针) (168针)
← ⑩
← ⑤
← ①

201 200   195   190

25   20   15   10   5   1

12针1个花样
重复16次

配色
□ = 上针
□ = 米色
▨ = 摩卡茶色
▩ = 深棕色
▨ = 灰色

袖下的加针

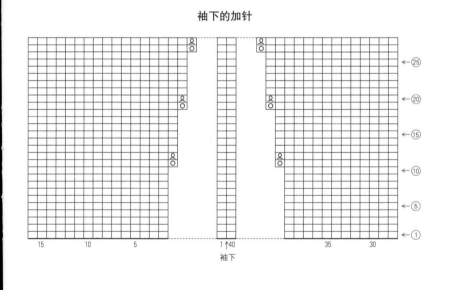

← ㉕
← ⑳
← ⑮
← ⑩
← ⑤
← ①

15   10   5

1↑40
袖下

35   30

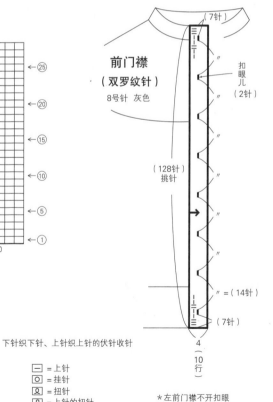

前门襟
（双罗纹针）
8号针 灰色

（7针）

扣眼儿
（2针）

″

″

（128针）
挑针

″

″

″ = (14针)

（7针）

4
（10
行）

＊左前门襟不开扣眼

右前门襟的扣眼儿

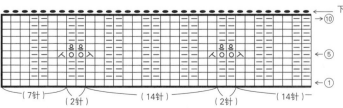

下针织下针、上针织上针的伏针收针
← ⑩
← ⑤
← ①

（7针）（2针） （14针） （2针）（14针）

▭ = 上针
○ = 挂针
ঽ = 扭针
ঽ = 上针的扭针
⊼ = 左上2针并1针
⋌ = 右上2针并1针

□ = 上针

73

配色花样帽子

图片p.31

材料和工具

a（炭灰色、原白色）：和麻纳卡 纯毛中细 炭灰色
（29）55g、原白色（2）15g

b（棕色、原白色）：和麻纳卡 纯毛中细 棕色（35）
40g、原白色（2）32g

通用：棒针（4根针）3号、2号

成品尺寸

头围53.5cm，帽深21cm

密度

10cm×10cm的面积内：配色花样 33针、34行

编织要点

● 手指挂线起针织168针，连成环后编织14行扭针
双罗纹针。

● 换针，在第1行边编织8针加针边编织45行配色花
样（横着渡线），再分散减针编织16行下针编织。

● 用线把剩下的针目每隔1针穿1次，第2次穿刚刚
没穿到的针目后拉紧。

● a是炭灰色，b是原白色和棕色线混合制作的绒球，
都缝在帽子的顶端。

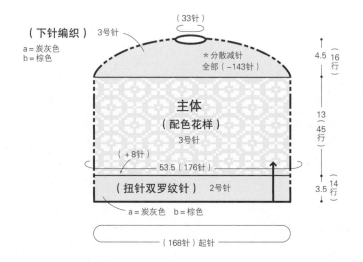

（下针编织） 3号针
a = 炭灰色
b = 棕色

（33针）

＊分散减针
全部（−143针）

4.5（16行）

主体
（配色花样）
3号针

13（45行）

（+8针）

53.5（176针）

（扭针双罗纹针） 2号针

3.5（14行）

a = 炭灰色　b = 棕色

（168针）起针

绒球

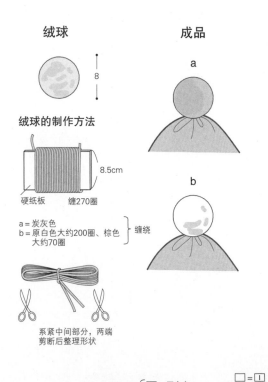

8

成品

a

b

绒球的制作方法

8.5cm

硬纸板　缠270圈

a = 炭灰色
b = 原白色大约200圈、棕色
大约70圈 } 缠绕

系紧中间部分，两端
剪断后整理形状

a的配色 { □ = 原白色
　　　　　 ▨ = 炭灰色

b的配色 { □ = 原白色
　　　　　 ▨ = 棕色

主体

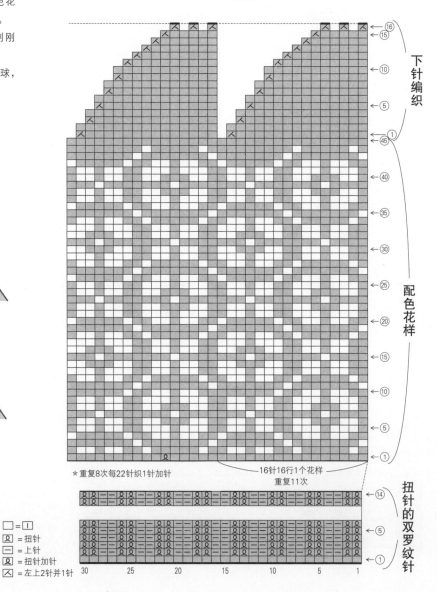

下针编织

配色花样

＊重复8次每22针织1针加针

16针16行1个花样
重复11次

扭针的双罗纹针

□ = ⎢
Ω = 扭针
— = 上针
⊠ = 扭针加针
⋀ = 左上2针并1针

30　　25　　20　　15　　10　　5　　1

基本
针法

手指挂线起针

❶线头端留出约为想要编织宽度约3倍的长度做环，从线环中拉出短线头。

❷将2根棒针插入线环中，第1针完成。线头端的线挂到拇指上，线团端的线挂到食指上。

❸按照图中1、2、3的顺序转动针头，在棒针上挂线。

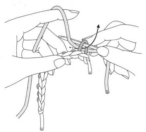

❹先松开拇指上的线，再按照箭头的方向插入拇指。

❺伸直拇指拉紧针目。第2针完成。重复步骤❸~❺。

❻起针完成。织出所需的针数，织第2行时，将其中一根棒针抽出后编织。

挑取另线锁针的里山起针

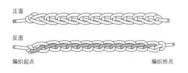

正面
反面
编织起点　　　　　　编织终点

❶用作品指定以外的线钩所需针数的锁针，最好比所需的针数多几针（另线锁针）。

❷将棒针插入编织终点处的另线锁针的里山，用编织线挑取针目。

❸将棒针插入里山，一针一针地挑取针目。

❹挑出所需数量的针目。

▢ 下针

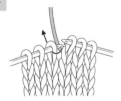

❶将线放在织片后面，右棒针从前面插入。

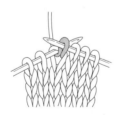

❷拉出线后，从左棒针上取下针目，下针完成。

▭ 上针

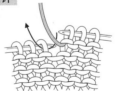

❶将线放在织片前面，右棒针从后面插入。

❷拉出线后，从左棒针上取下针目，上针完成。

▯ 挂针

❶将线从前向后挂到右棒针上。

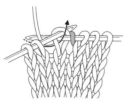

❷接着织下一针。用步骤❶上挂的线编织挂针。

● 伏针

❶编织2针下针，用左棒针挑起第1针将第2针盖住。

❷伏针完成。

⊠ 右上2针并1针

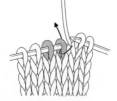  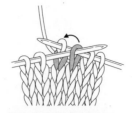 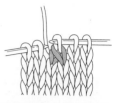

❶按箭头方向插入右棒针，右侧的针目不织，直接移到右棒针上。

❷将右棒针插入下一个针目里，编织下针。

❸将左棒针插入移到右棒针上的那一针里，盖住步骤❷编织好的针目。

❹取出左棒针。右上2针并1针完成。

⊠ 上针的右上2针并1针

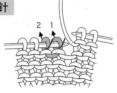  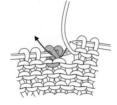 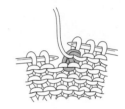

❶针目1、2交换位置。如箭头所示插入右棒针，不织，移到右棒针上。

❷如箭头所示插入左棒针，将针目移到左棒针上。

❸针目交换了位置。如箭头所示插入右棒针，在2个针目里一起织上针。

❹上针的右上2针并1针完成。

⊠ 左上2针并1针

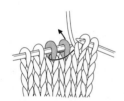 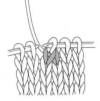

❶如箭头所示将右棒针从左边一次插入2个针目里，2针一起编织下针。

❷左上2针并1针完成。

⊠ 上针的左上2针并1针

❸如箭头所示将右棒针从右边一次插入2个针目里，2针一起织上针。

❹上针的左上2针并1针完成。

⊠ 右上3针并1针

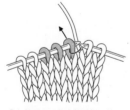 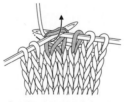  

❶如箭头所示将右棒针插入第1个针目里，不织，直接移到右棒针上。

❷从接下来的2针的左边一次插入右棒针，编织下针。

❸将左棒针插入刚才移到右棒针上的针目里，盖住刚刚编织好的针目。

❹取出左棒针。右上3针并1针完成。

⊼ 中上3针并1针

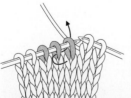 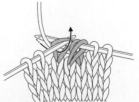  

❶如箭头所示将右棒针插入右边的2个针目里，不织，直接移到右棒针上。

❷将右棒针插入第3个针目里，编织下针。

❸将左棒针插入刚才移到右棒针上的2个针目里，盖住刚刚编织好的针目。

❹取出左棒针。中上3针并1针完成。

⋏ 上针的中上3针并1针

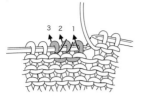 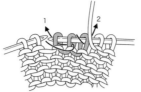 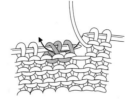 

❶按箭头方向将3针分别移到右棒针上（注意1的箭头方向）。

❷按箭头方向和1、2的顺序，将针目移到左棒针上。

❸将右棒针一次插入3针中，3针一起编织上针。

❹上针的中上3针并1针完成。

⊠ 右上1针交叉

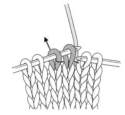 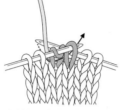 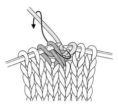 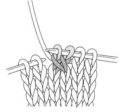

❶如箭头所示，从右边针目的后面将棒针插入左边针目中。

❷右棒针上挂线，按箭头方向拉出线，编织下针。

❸左边的针目不动，如箭头所示将右棒针按箭头方向插入右边的针目里，编织下针。

❹将2个针目从左棒针上取下，右上1针交叉完成。

⊠ 右上1针交叉（下面为上针）

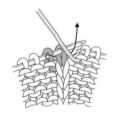 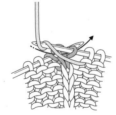 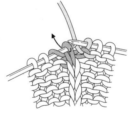 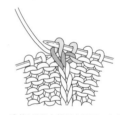

❶将线放在前面，从右侧针目的后面按照箭头方向，将右棒针插入左边针目中。

❷右棒针上挂线，左边的针目编织上针。

❸左边的针目挂在左棒针上不动，右边针目编织下针。

❹将2针从左棒针上取下，右上1针交叉（下面为上针）完成。

⊠ 左上1针交叉

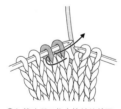 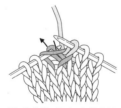 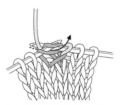 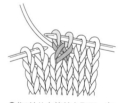

❶如箭头所示将右棒针从前面插入左边针目中，编织下针。

❷织好的针目不动，如箭头所示将右棒针插入右边的针目里。

❸在右棒针上挂线编织下针。

❹将2针从左棒针上取下，左上1针交叉完成。

⊠ 左上1针交叉（下面为上针）

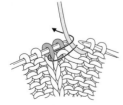 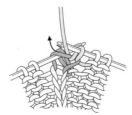 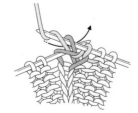 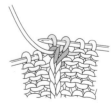

❶按照箭头的方向将右棒针从前面插入左边针目中，编织下针。

❷织好的针目不动，如箭头所示将右棒针插入右边的针目里。

❸右棒针挂线编织上针。

❹将2针从左棒针上取下，左上1针交叉（下面为上针）完成。

▨▨ 右上2针交叉

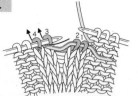 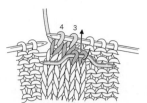 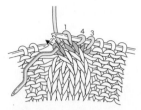 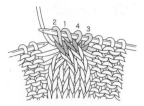

❶将右边的2针移到前面的麻花针上,待用。　❷针目3、4编织下针。　❸麻花针上的针目1、2编织下针。　❹右上2针交叉完成。

▨▨ 左上2针交叉

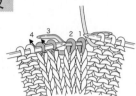 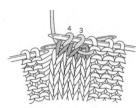 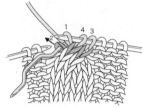 

❶将右边的2针移到后面的麻花针上,待用。　❷针目3、4编织下针。　❸在刚刚待用的麻花针上的针目1、2编织下针。　❹左上2针交叉完成。

◎ 卷针加针

❶如图所示,将棒针插入挂在食指上的线圈中,抽出手指。　❷3针卷针加针完成的状态。织下一行时,插入棒针,注意别让针目松开。

◡ 滑针

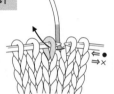 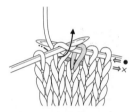

❶将线放在后面,如箭头所示将右棒针从后面插入,不织,直接移到右棒针上。　❷将右棒针插入下一针目中,编织下针。不织,移至右棒针上的针目就是滑针。

◎ 扭针

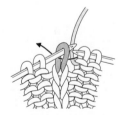 

❶如箭头所示,像扭转针目一样,将右棒针从后面插入。　❷右棒针上挂线后如箭头所示拉出线。线下方的针目根部呈扭转状态。

◎ 上针的扭针

❸将线放在前面,如箭头所示像扭转针目一样,插入右棒针。　❹右棒针上挂线按箭头方向将线从后面拉出。线下方的针目根部呈扭转状态。

扭针加针
<下针的情况>

 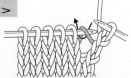 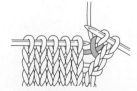

❶将左棒针挂在前一行的渡线处,按箭头方向插入右棒针。　❷编织下针。线下方的针目呈扭转状态,增加了1针。

扭针加针
<上针的情况>

  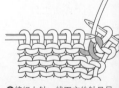

❶将左棒针挂在前一行的渡线处,按箭头方向插入右棒针。　❷编织上针。线下方的针目呈扭转状态,增加了1针。

下针编织无缝缝合

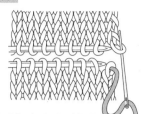 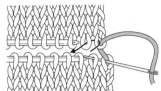 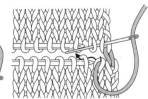 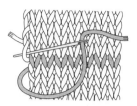

❶将织片背面相对，从下侧织片边上针目及上侧织片边上针目的后面穿入毛线缝针。

❷按箭头方向，将毛线缝针从下侧织片的2针、上侧织片的2针中穿过。

❸按照箭头方向，将毛线缝针从下侧织片的2针中穿过（每个针目里插入2次缝针），如此重复。

❹最后从上侧织片针目的前面入针。织片的边上会错开半针。

🄴 手指挂线 环形起针

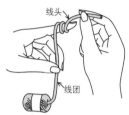 

线头

线团

❶线头在食指上绕2圈。

❷左手捏住线环的交点，钩针插入线环中，将线拉出。

❸再一次挂线引拔出。

❹环形起针完成（此针不算作1针）。

⬭ 锁针

❶线头做环，捏住交叉的地方，将钩针按箭头方向移动并挂线，拉出（此针不算作1针）。

❷按箭头方向转动钩针挂线。

❸将线从环中拉出。

❹1针锁针完成。重复步骤❷、❸增加针数。

1针锁针

十 短针

❶如箭头所示插入钩针。

❷钩针挂线并拉出。

❸钩针再次挂线，从钩针上的2个线圈中引拔出。

❹短针完成。

Ⅴ 1针放2针短针

 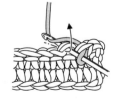 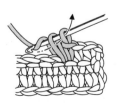 

❶将钩针插入前一行头部的2根线中，钩织1针短针，再在同一个针目里插入钩针。

❷钩针挂线并拉出。

❸钩针再次挂线，从钩针上的2个线圈中引拔出。

❹在同一个针目里，织入了2针短针，1针放2针短针完成。

TAISETSUNI TSUKAITAI TEAMINOKOMONO（NV80424）

Copyright © Tomo Sugiyama/ ©NIHON VOGUE-SHA 2014 All rights reserved.

Photographers: YUKARI SHIRAI.

Original Japanese edition published in Japan by NIHON VOGUE Corp.

Simplified Chinese translation rights arranged with BEIJING BAOKU

INTERNATIONAL CULTURAL DEVELOPMENT Co., Ltd.

备案号：豫著许可备字-2016-A-0204

杉山朋

宝库学园毕业后，成为活跃的编织设计师。喜欢钻研日本国内及其他国家的手工艺图书；经常在杂志、图书上发表在生活中实用的作品；致力于制作简明易懂的编织图，用心设计很久都不会过时的款式。另著有《杉山朋的配色编织小物》（日本宝库社出版）。

图书在版编目（CIP）数据

手编暖暖的冬日小物/（日）杉山朋著；李云译. —郑州：河南科学技术出版社，2021.9

ISBN 978-7-5725-0356-6

Ⅰ.①手… Ⅱ.①杉… ②李… Ⅲ.①棒针—绒线—编织—图集 Ⅳ.①TS935.522-64

中国版本图书馆CIP数据核字(2021)第044418号

出版发行：河南科学技术出版社

　　　　　地址：郑州市郑东新区祥盛街27号　　邮编：450016

　　　　　电话：（0371）65737028　　65788613

　　　　　网址：www.hnstp.cn

策划编辑：刘　欣

责任编辑：刘　瑞

责任校对：刘逸群

封面设计：张　伟

责任印制：张艳芳

印　　刷：河南博雅彩印有限公司

经　　销：全国新华书店

开　　本：889 mm×1 194 mm　　1/16　　印张：5　　字数：150千字

版　　次：2021年9月第1版　　2021年9月第1次印刷

定　　价：49.00元